一辈子当公主

프린세스 심플 라이프 Princess Simple Life
Written by 아네스 안 Aness An
Copyright © 2007 by WISDOMHOUSE PUBLISHING CO.
All rights reserved.
Simplified Chinese edition copyright © 2013 by Grand China Publishing House
This edition is published by arrangement with WISDOMHOUSE PUBLISHING CO., LTD
through EYA (Eric Yang Agency)

No part of this publication may be reproduced, stored in a retrieval system, or transmitted
in any form or by any means, electronic, mechanical, photocopying, recording, or
otherwise, without the prior written pemission of the copyright owner.

版贸核渝字 (2013) 第 239 号

图书在版编目（CIP）数据

一辈子当公主（珍藏版）：跟着心灵去旅行/（韩）阿内斯·安著；郑杰，李宁译 . —重庆：重庆出版社，2013.9
ISBN 978-7-229-06896-7

Ⅰ.①一… Ⅱ.①阿…②郑…③李… Ⅲ.①女性－成功心理－通俗读物 Ⅳ.① B848.4-49

中国版本图书馆 CIP 数据核字 (2013) 第 202970 号

一辈子当公主（珍藏版）：跟着心灵去旅行
YIBEIZI DANG GONGZHU

〔韩〕阿内斯·安 著
〔韩〕崔淑喜 宋秀贞 绘
郑 杰 李 宁 译

出 版 人：罗小卫
策　　划：中资海派·重庆出版集团科韵文化传播有限公司
执行策划：黄 河 桂 林
责任编辑：朱小玉
责任校对：谭艳莹
版式设计：袁青青 张 英
封面设计：陈文凯 张 英 占芳蕾

重庆出版集团
重庆出版社 出版

重庆长江二路 205 号　邮箱：400016　http://www.cqph.com
深圳市彩轩印刷包装有限公司制版印刷
重庆出版集团图书发行有限公司发行
邮购电话：023-68809452
E-mail: fxchu@cqph.com

重庆出版社天猫旗舰店
cqcbs.tmall.com
全国新华书店经销

开本：787mm×1092mm　1/32　印张：9.5　字数：144 千
2013 年 12 月第 2 版　2013 年 12 月第 1 次印刷
定价：32.00 元

如有印装质量问题，请致电：023-68706683

本书中文简体字版通过 Grand China Publishing House（中资出版社）授权重庆出版社在中国内地出版
并独家发行。未经出版者书面许可，本书的任何部分不得以任何方式抄袭、节录或翻印。
版权所有，侵权必究

跟着心灵去旅行

一辈子当公主

珍藏版

〔韩〕阿内斯·安（Aness An） ◎著
〔韩〕崔淑喜　宋秀贞 ◎绘
郑 杰　李 宁 ◎译

重庆出版集团　重庆出版社

高贵的公主！

现在就出发吧！

Noblesse Princess!

It's time to hit the road!

哎呀！忙晕了，可这人气还一直在飙升。
最近找我的人越来越多，
他们总是对我充满憧憬和渴望，
身心疲惫时总是想起我。
我有很多名字，
有时叫"冒险"，
有时叫"激情"，
有时叫"休闲"或者"回忆"……
偶尔会招来个别人的中伤，
叫我"逃避现实""驿马星"[①]"奢侈"等。
每每此时，我都觉得冤枉，
那些没有责任感的人破坏了我的形象。
但管他呢，
只要能够给大家带来特别而珍贵的经历和感受，
我就会感到欣慰和自豪。
请把我作为礼物送给他们吧——
那些感到生活空虚、人生痛苦的人们，
那些想忘记过去、重新开始的人们，
你最亲密的朋友和爱人。
因为我是最玲珑的八面美人，
将会引领他们走入一个新世界，
他们一旦喜欢上我就像染上毒瘾一样，
会常常想念我，
回忆和我在一起的美好时光……
你无法抗拒我的魅力，
那么我究竟是谁呢？

Travel

呵呵，大家好，我的名字叫"旅行"

---

① 这是八字命理中的术语，如命中带驿马，则此人命多走动。

PROLOGUE

与其听天由命，
不如追求更有活力的自我

小学的时候，我喜欢穿粉红色的连衣裙，有蓬松的喇叭袖，腰间镶着美丽的蕾丝，头上总是扎着大大的发球（一定要大才行，因为我对这句话深信不疑：发球的大小和女孩子的自尊心成正比），还一定要穿上画有魔法公主的鞋子。每次我只有打扮成这样才肯出门，我甚至以为自己会这样娴静地生活一辈子。

然而后来一切都发生了改变，我的人生在原地优美而急速地旋转了180°，只是因为一本书……

我忘了是不是在小学三年级的时候，我也忘了那一天的天气，我只记得在一家图书馆无意中发现的那本书《环游世界80天》。当在书中看到主人公——英国人福格向印度女子求婚，我突然明白：韩国人不是只可以嫁给韩国人。那一年，我10岁。同时我也意识到：要想和世界各国不同的人交流，就一定要先学好英语。

就这样，我开始努力地学习英语，渴望有一天能像福格大叔那样去环游世界。谁也不会想到我小小的脑袋里藏着这么一个伟大的梦想，就像谁也不会想到昔日那个梳着羊角小辫，忽闪着眼睛，坐在图书馆角落里的小女孩有一天会成为一个总在匆忙翻找着机票的公主……

高一的暑假，偶然间我在姐姐书桌上发现了两本书：村上春树的《挪威的森林》和弗·司各特·菲茨杰拉德的《了不起的盖茨比》。

很快我就被这两本书深深吸引住了，吸引我的不是作品本身，而是两位作家的生活和经历。尤其是《挪威的森林》最后那两页后记，更是让我着迷。

村上春树在回顾《挪威的森林》的创作过程时说，这部小说是他在希腊、西西里亚和罗马旅行时完成的。当不经意间看到这些信息时，我的心跳莫名地加速，感觉异常兴奋。"旅行让我成长，"村上春树说，"它不仅使我获得了极大的精神满足，也使我迸发出大量的创作灵感。"

弗·司各特·菲茨杰拉德喜欢和他的夫人一起环游

世界,他们说:"我们不喜欢没有旅行包的房间,因为激情在那样的房间里会荡然无存。"他们的人生经历让我对自己的人生充满了无限的遐想。

"啊,人生原来可以如此洒脱,如此精彩!"感叹之余,我也开始憧憬拥有这样的人生……

自那之后,我常常沉浸于这样的想象:在威尼斯一家漂亮的咖啡店打工,休息时悠闲地写作和摄影;在迈阿密海滩的冲浪代理店做售货员,闲暇时自由地漫步于海边,与冲浪手邂逅并且成为朋友;或是在伦敦某个偏僻的旧书店里做店员,没有客人时坐在某个角落里尽情阅读我喜欢的图书。在平淡得没有一丝波澜的日子里,我常常期待着能发生一些变化,哪怕是到一个没有人认识我的地方自由自在地生活一个月。

人总是因为某种目的而活着,或是为了生存,或是为了名利,或是为了成功和得到别人的认可。而我,更希望为了遵循内心的呼唤而活着……

看了《日出之前》后,我梦想能在某次旅途中遇到心中的白马王子,在彼此的注视中一见钟情;听《甜蜜咖啡屋》中很温暖的 O.S.T.（Original Soundtrack，电影原声带。——译者注） Calling You 时，我幻想着能到加利福尼亚的沙漠中用我的余生去品味远离人世的荒凉和孤独；看过《末路狂花》后，我又开始想象有一天能和朋友一起开着敞篷车，随心所欲地去世界各地旅行。

以上列举了我最欣赏的图书、最喜欢的电影和最钟爱的音乐，它们共同宣扬着一个口号，那就是"旅行"。

不知你有没有这样的经历？无意间看到某本书中的某句话，它似乎就是你的写照；不经意间被电影中的一句对白深深打动，剧终人散，你却依旧无法离开自己的座位；走在路上，偶然飘来的一句歌词拨动你内心深处的琴弦，引起无限的惆怅，一种疼痛之感油然而生……

对我来说，这样的经历和回忆实在太多了。旅途中咖啡屋墙壁上相框里那也许从未被人留意过的字迹，在旅游地和人闲聊时获知的陌生旅行者的故事，在书中读到的那些会让我永远铭记在心的语句，在火车上遇到的修女以及她犹如珍珠般可贵的话语……我将这些只属于自己的文字和话语记录下来，不知不觉已写满好几本厚厚的笔记。

书店的畅销书架上总是摆着那种鞭策人们"为了成功而努力奋斗"的书,让你每时每刻都感觉到生活的艰辛。因心中对美好的未来充满了憧憬,从而使你忙碌和躁动,甚至与现实永无休止地抗争……

这些不是我需要的,我渴望的是这样一本书:她永远是旅行中最私密的朋友。当你在机场候机时,她可以拂去你内心的不安和焦躁;当你乘着飞机亲近蓝天时,她可以倾听你澎湃的心潮;当你坐在充满异国情调的露天咖啡馆里时,她可以和你一起分享手中的白兰地以及阅读所带来的轻松惬意……

带着这本书行走能让你更好地体会旅行的妙趣:在旅行的那几天里,你可以不用顾忌别人的脸色,可以尽情地享受午睡的美妙时光,感受没有任何束缚的自由人生;你还可以以一种极其悠闲的姿态,翻看这本小书……

留学的时候,我有幸结识了一位音乐治疗师(Music Therapist)和一位美术治疗师(Art Therapist),他们让我知道原来还有"音乐治疗系"。这真是太神奇了。用非物理性的力量,比如音乐或美术来治疗人的心理,这本身就让人充满无尽的想象。于是我想用旅行来医治那些

"高贵的公主"。

现在,如果你难以平复心灵的伤痛,或是感到生活空虚,情绪抑郁,那么试着借助旅行来治疗吧!

我要和我的家人一起,向着梦想的世界启航了。完成这份书稿之后我会立即背起早已准备好的行囊,向我早已魂牵梦萦的吴哥窟出发。

又一次新的开始,又一次新的冒险,对人生又是一次新的挑战。

我将重新开始,希望正在看这篇文字的你也一样。

别说太晚了,我不行!

到你该出发的时候了,和我一起启程吧!

飞机即将冲向云霄,开始你的人生之旅吧!

从 A～Z 的人生之旅 Life & Travel
神奇之旅 Secret Story

人生是在未知中
踏上心灵之路的旅行……

Life & Travel is ~

体验冒险 **Adventure** 无极限
身负勇气 **Braveness** 的魔杖
不断改变 **Change** 自我
你终会发现 **Discover** 一个新世界
别样的经历 **Experience** 漫无止境
心灵的自由 **Free** 广袤无边

Life & Travel is ~

开启陌生的大门 **Gate** 去追逐梦想
在旅行中治愈 **Healing** 伤口
热情的邀请 **Invitation** 别拒之门外
在快乐的旅行 **Journey** 中
打造你精彩的王国 **Kingdom**

Life & Travel is ~

在放任自我 Let It Be 中获得自由
魔咒就是你自己 Me
每个瞬间 Now 都可以永恒
只有思维活跃 Open Mind 的人
才能明白乐园 Paradise 真正的意义

Life & Travel is ~

旅行因探究 Question 而精彩
片刻的放松 Relax 让我们身心愉悦
偶尔的孤独 Solitary 也会带来静谧
应该感谢 Thankful 生活中的一切
在领悟 Understand 真理的瞬间
获得心灵的安歇 Vacation

Life & Travel is ~

我们走在未知 Wander 的旅途
果断地拒绝 X 不想做的事
在发现自我 Yourself 中
以热情 Zeal 的心拥抱每一天

为了寻找幸福和自我，
为了踏上人生之旅的你，Cheers！！！

目录 Contents

Prologue 与其听天由命，不如追求更有活力的自我 / 6

Chapter 1

高贵的公主是自我 S.E.L.F. 一族

Adventure 冒险让我重生 / 23
Braveness 幸运总是光顾勇敢的人 / 31
Change 主动出击，改变人生 / 41
Discover 别样的风情需用心去发现 / 49
Experience 在生活中领悟人生的真谛 / 59
Free 在广袤的世界里放飞自由 / 67

Chapter II

高贵的公主是精英 BOBOS 一族

Gate 敞开你的心灵之门 / 79
Healing 做自己心灵的治疗师 / 87
Invitation 欣然接受世界的邀请 / 97
Journey 在幸福快乐中享受旅行 / 105
Kingdom 建造只属于自己的快乐王国 / 113

Chapter III

高贵的公主是简单 S.I.M.P.L.E. 一族

Let It Be 放手过去,展望未来 / 125
Me 请珍爱本色的自己 / 133
Now 昨天是历史,明天是未知,只有今天是礼物 / 143
Open Mind 乐观的心态是打开幸福之门的钥匙 / 151
Paradise 寻找藏有珍宝的天堂 / 161

Chapter IV

高贵的公主是智慧 W.I.S.E. 一族

Question 唤醒沉睡的好奇心 / 173
Relax 好好地享受休闲时光 / 181
Solitary 在享受孤独中学会坚强地生活 / 189
Thankful 装满感恩的花篮 / 199
Understand 珍贵的人生不可虚度 / 209
Vacation 稍微喘口气,放松一下 / 219

Chapter V

高贵的公主是时尚 S.T.Y.L.I.S.H. 一族

Wander 在流浪的生活中发现快乐 / 229
X 果断地拒绝无谓的事情 / 239
Yourself 人生中崭新的一页由我翻开 / 249
Zeal 只要充满热情，人生的每一天都是新的 / 259

Mission Diary / 269

Dreamisnowhere

:

它不是 Dream is no where，而是 Dream is now here.

不是梦想不存在于任何地方，而是梦想就在这里。

Chapter I

高贵的公主是自我S.E.L.F.一族

S.E.L.F.一族是指按照自己(Self)的想法,过着轻松(Easy)和奢侈(Luxurious)的生活并且经常(Frequent)去旅行的人们。她们会尽情地享受旅行,亲身体验丰富多彩的当地文化——品味各种美食,欣赏精彩的演出……她们会收集旅行信息,一旦发现了喜欢的地区,就会在那里待上很久,不受任何人的干扰,尽情地享受休闲时光。

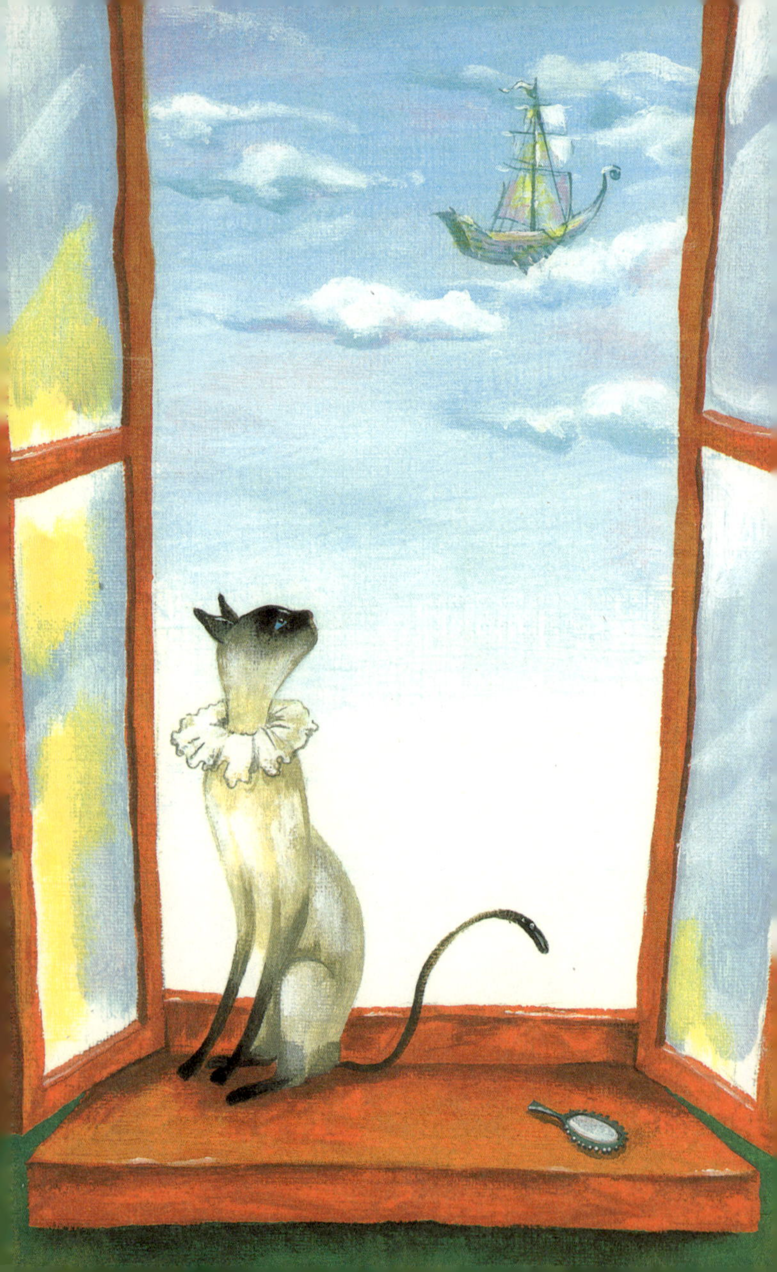

冒险让我重生

一生中最精彩的投资

在美国,如果随意询问一位 70 岁以上的老人:"回首过去的 70 年,您最后悔的是什么?"那么 90% 以上的人都会告诉你同样的答案,那就是"如果能够再冒点险就好了"。

我们还太年轻,总以为有无尽的岁月可以挥霍,不至于担心来不及冒险,于是在忙碌的日子里我们终老一生。人生不应该有如此的遗憾,让我们从单调乏味的生活中解脱出来,踏上冒险的旅程,勇敢地主宰自己的人生吧,哪怕只有一次!

"这件事情我多想尝试一次啊",没有什么事情比带着这样的想法死去更可悲了。你有权利为自己插上一双崭新的翅膀,向着梦想的地方尽情飞翔。

《纽约时报》的编辑部主任杰克在鼓励青年人旅行

时说:"在你们面前还有漫长的生活,从学校毕业后的一年里,没有什么是比体验冒险更好的投资了。"

是啊,人生有时就是一场冒险。事实上,与尝试冒险相比,畏惧冒险更可怕!

人类天生对未知的事情有好奇心,想去探究未知的世界,容易对新事物产生追求的冲动。大多具有强烈冒险心的人都很乐观,为了快乐幸福,他们明确地知道自己该做什么。他们自由奔放、充满热情,通过冒险去学习,在流逝的时光中逐渐成长。不知不觉我们会发现,那些曾经认为只有伟人才能做的事实际上正由我们来完成。

倾听心灵深处的鼓声

有一天,著名作家村上春树突然决定踏上漫长的旅途,他这样解释自己的行为:"不知听到了从哪里传来的鼓声,这使我感到如果不去旅行的话,将无法忍受。"

他听到的鼓声正是来自于他内心的声音,是心灵最深处的呐喊!

让我们暂且歇息一下吧,把繁重的人生抛于脑后,坐在海边,倾听海浪拍打海岸的美妙乐声,把你的心托付给自由的海鸥,徜徉在无边的海面上……

这一刻请竖起你的耳朵倾听，倾听心灵深处的鼓声，倾听你心底的渴求。如果你曾经努力克制旅行的冲动，那么现在请尊重这种冲动吧！冲出生活，去做你梦寐以求的事！

没有必要为不曾有过一次像样的旅行而感到悲伤，也没有必要责备所处的环境，你只需要对过去绷紧神经的疲惫生活感到一点点惋惜即可。

有人认为旅行是那些与自己无关的有钱人的爱好，这种想法真让人感到悲哀。

有一天，公司的一位同事对我说："你好像有很多钱啊，总是到世界各地旅行，真是羡慕。"

人们看到去旅行的人，总认为他们能去旅行是因为有很多钱、有很多时间。但事实并非如此，经常旅行的人只是把旅行的价值放在了第一位而已。

很多人想去旅行，但是现实中却要忙于生计，得买房子、买车子……这样那样的需求很多。他们总是想，等满足了这些欲望，有时间再去旅行。

可以肯定地说，所有欲望都满足的那一天永远都不会到来。如果你只是苦苦等待那一天，那么你的一生都将不会有一次像样的旅行。

把旅行放在第一位的人，即使遇到想买的东西或者其他需要花钱的事情，也会为了旅行而节俭。除此之外，他们为了旅行也会集中精力做事，积极开展工作。他们既不会利用休假来处理未完成的工作，也从来不会耽搁事情，所以他们生活得很从容。说羡慕我的那位同事，是一位手提价值几百万（韩元）的名牌皮包，穿着华贵的女人。我们的区别在于：那个女人每月存下10万韩元（约为人民币600元），一年后买了100万韩元（约为人民币6 000元）的名牌皮包，而我把一年存下的100万韩元用在旅行上。很难说哪一种投资更有价值，但是我并不羡慕她的生活，而她却说羡慕我的人生。

如果上帝给我一个许愿的机会，我想让所有人都知道旅行不只是有钱人的专利。无论是旅行四五天还是一个月，并不是只有旅行的那段时间才会感到幸福。就像春游的前一天会比春游当天还幸福那样，出发前会感到无比兴奋和激动，旅行时会感到快乐幸福，而归来后则会留下珍贵的回忆。

现在，你对梦想的生活还只停留在想象阶段吗？千万别把梦想束之高阁，赶快付诸行动吧！

Princess Life
& Travel Tips

✳ I am a Traveler 10条诫命
1. 经常踏上异国土地
2. 多欣赏美丽的事物
3. 通过欣赏各个国家的帅哥来饱眼福
4. 多多接触新的饮食
5. 多和外国人对话
6. 向所有人表示我的友好
7. 和家人一起旅行
8. 和很多人一起沉浸在爱的海洋里
9. 尝试所有想尝试的事情
10. 享受这个世界给予我的一切

✳ 填充旅行银行账户的方法
1. 在护照上被扣上图章时,进账
2. 结识了新朋友时,进账
3. 向陌生人表示友好时,进账
4. 能好好品尝陌生食物时,进账
5. 在旅途中被感动时,进账
6. 勇敢地尝试冒险时,进账
7. 留下了美好的回忆时,进账;反之,出账
8. 给他人带来损害时,出账
9. 对异国文化带有偏见时,出账
10. 做出让人指责的事情时,出账

Princess's Wise Saying

人生的首件必需品
是一张描绘心灵的地图

偶然是不存在的。当某人得到了他梦寐以求的东西时，那不是偶然使其实现的，是他自己，是希望和必然使其实现的。(赫尔曼·黑塞)

我虔诚地祈祷，祈祷让我今后的每一天不要以同样的方式度过。(保罗·科埃略:《扎希尔》)

勇敢地挣开束缚我们的枷锁，对于那些真正想做而由于各种原因没做的事情，应该试着全身心地投入一次。(亚历克斯·哈利)

一个人感到有一种力量推动他去翱翔时，他是不应该去爬行的。(海伦·凯勒)

如果想到达一个未知的世界，就要通过一段陌生的路。
(托马斯·史登斯·艾略特)

一个人在呼吸并不代表他活着,只是意味着他还不能被埋葬。在这个世界上有很多人虽然还在呼吸,实际上却已死去。**(摩根:《旷野的声音》)**

如果你心灵空虚,那证明你正在寻找某种东西。**(布莱兹·帕斯卡尔)**

少年问:"为什么我们要倾听自己心灵的声音?"
"因为在你的心灵深处有属于你自己的宝藏。"
(保罗·科埃略:《牧羊少年奇幻之旅》)

虽然人们知道荆棘之中遍布利刺,但是为了获得鲜花人们并不会就此罢手。如果不像这样去抓住人生,那么靠其他的任何方法都无法掌握你的人生。**(乔治·桑)**

冒险!那是一件多么美丽和让人感到充实的事啊!现在我要朝着改变命运的方向出发。**(纪德)**

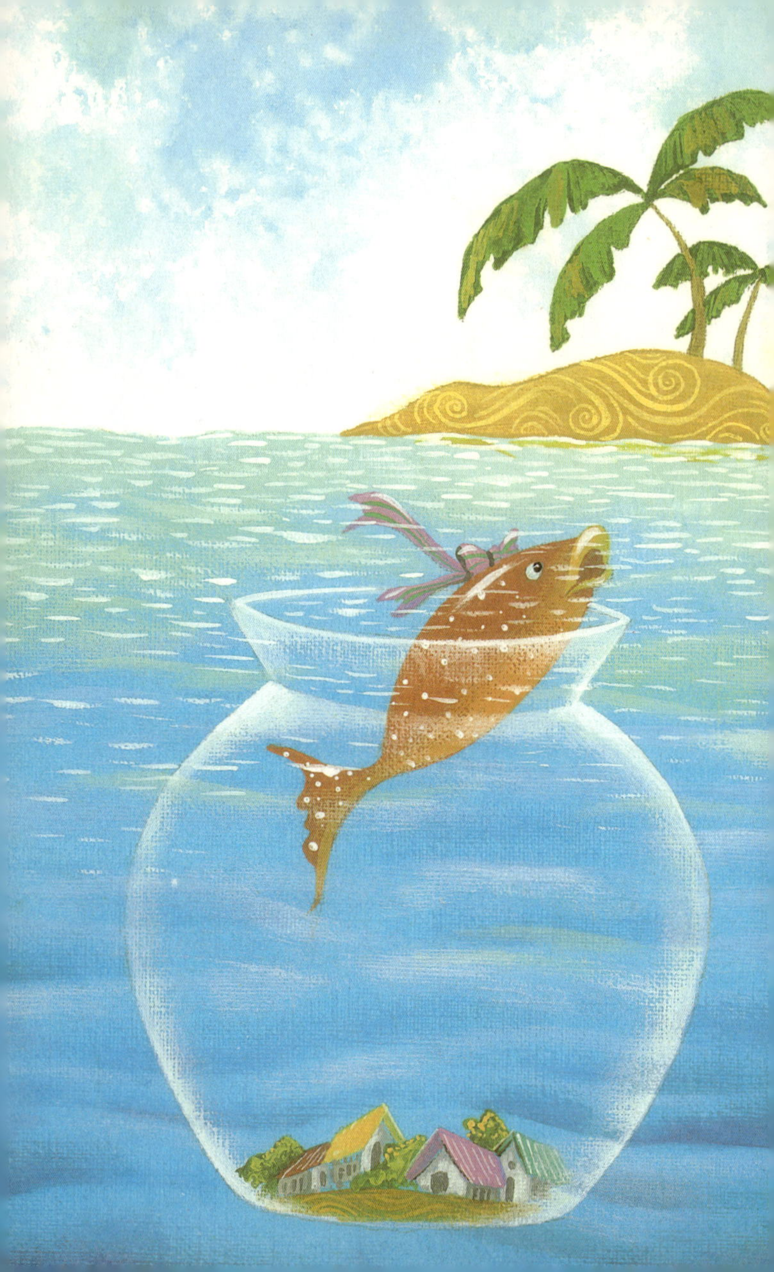

Braveness

幸运总是光顾勇敢的人

摘掉恐惧的面具

在岩石下一片小小的湖泊里生活着许多鱼,可是只有一条很小的鱼在努力地游着。其他的鱼很不解:"为这样毫无希望、险象环生的世界去努力有什么意思呢?"于是,他们集体疏远那条四处游动的小不点。

有一天,一位登山队员来到山上。让他感到非常惊奇的是在群山环抱之中居然有这么一片湖泊,湖泊中居然还生活着如此多的鱼。于是,他把那条游得最努力的小不点放在鱼缸中带走了。湖中其他的鱼嘲笑道:"它那么努力,最终还不是被抓走了?"然后急忙游到岩石后面藏得严严实实。

在鱼缸中的小不点发现了一个让它惊叹的世界,原来这个世界竟是这么神奇——动物和人居然能和谐相处。结识了鱼缸里远道而来的其他小鱼,听了它们的讲述，小不点知道了在那片小小的湖泊之外，在这个鱼缸之外，还有一个崭新的世界。

过了不久，登山队员把他养的鱼放归江中。不知不觉小不点长大了，成为鱼中的领袖。小不点过着自由自在的生活，它开始憧憬更广阔的海洋。与此相反，湖泊里其他的小鱼由于湖水枯竭，全部死掉了。

都说无知者无畏，这条小鱼真的无所畏惧吗？

不，它也害怕，只是它拥有正视恐惧、突破恐惧的勇气而已。

生命其实就是一场挑战，从出生的那一刻开始到现在，我们已经面对过无数的挑战。那么让我们回想一下，是不是没有错过任何一次可以挑战自我的机会？是不是即便没有机会也不曾垂头丧气？

在机会来临时，我们经常会瞻前顾后，总以为自己可以作出最完美的决定，一丁点瑕疵都会让我们最终丧失了勇气。机会永远没有耐心去等待，所以适当地作出合理化的决定，然后去付诸实践是最好的选择。

每个人的生命中都有一个强大的敌人，他无数次地使我们的计划泡汤，总是在目标前设置障碍来阻挡我们，直至我们失败。无论你尝试做什么事情，他都会拖着后腿说："别做了，你不行！"终于有一天我抓住了那个敌人，和他面对面，但遗憾的是那个敌人就是我自己。原来所谓的"恐惧"，都是我们自己给自己戴上的"面具"。

现在让我们彻底地撕掉这层面具，鼓足勇气来面对生活吧！

永不后悔的挑战

在韩国时，上兴趣课我只会选择读书或打羽毛球，而在国外留学时，我却饶有兴致地选择了非洲鼓、撞球等课程。而其中让我终身难忘的课程是冲浪。

我梦想着可以像电影《霹雳娇娃》中的卡梅伦·迪亚兹那样，穿着性感的比基尼酷酷地冲浪。这样的画面只是想象一下都让我热血沸腾！

我毫不犹豫地加入了冲浪俱乐部，谁都没有留意到我嘴角边诡异的一笑。

终于等来了上课的第一天，我站在一群像电线杆子一样高的外国同学中间，手中提着冲浪板，很壮烈地站在那里，仔细听着教练的训话，生怕自己落掉一个音节。教练说冲浪必须具有两个基本条件：一是要有很好的平衡感，二是要有壮实的下体。我有些心虚地用冲浪板挡着自己并不强壮的下身,吃力地跑到海里。

　　喜欢大海却畏惧下水,对我来说,冲浪无疑是个巨大的挑战。

　　波涛终于来了,教练一声令下:"上板! Follow it!"所有的人都麻利地站了上去。我也站了上去,不,应该说是躺上去的。我的身体紧紧贴着冲浪板。波涛来了好多次,可是身体根本没有一点要离开冲浪板的迹象。教练冲我大喊:"冲浪不是躺着,是站着!"挨骂之后,我一闭眼鼓足勇气站了起来。但这仅仅持续了几秒,我终究还是与冲浪板一起翻到海里。我强打着精神,死守着"不管怎样一定要坚持下去"的信念,直到被救起。这一经历至今仍然历历在目。最终我转到了不需要壮实下身这一条件的撞球课程,冲浪的小插曲也随之结束。但是我依然会经常对周围的人们说:"我冲过浪!"然后在大家羡慕和赞叹的目光中感到无比自豪。

　　我认为人生中的冒险就是这样,结果并不重要,只要鼓起勇气去尝试,这本身就很有意义。尝试的所有事情都蕴含着生存的意义,没有意义的冒险根本就不存在。

Princess Life
& Travel Tips

* **旅行者营养成分比率**

    挑战精神 25% + 勇气 25% + 闲暇 20%
    + 激动 15% + 积极的心态 15%
    = 100% 的旅行者

* **胆小鬼营养成分比率**

    恐惧 30% + 固执和偏见 20%
    + 奢侈 20% + 消极的心态 20% + 不满 10%
    = 100% 的胆小鬼

* **旅行储备指数**

有想去看看的国家	**充电 10%**
曾经至少有一次想去环游世界	**充电 20%**
有毫无计划就去旅行的朋友	**充电 50%**
一看到机场心跳就莫名地加速	**充电 70%**
想摆脱日常的生活	**充电 100%**

    现在就出发吧!
    It's time to hit the road!

Princess's Wise Saying

不要苦恼自己能走到哪里
请先迈出第一步

梦想没有实现的原因只有一个,那就是害怕失败。如果不误认为你是为人谦虚或者期盼被照顾,消除你内心的恐惧不是更好吗? **(吉本芭娜娜)**

当面临危险的挑战的时候,由于担心万分之一的失败就可能错过 9 999 次机会。**(韩非也)**

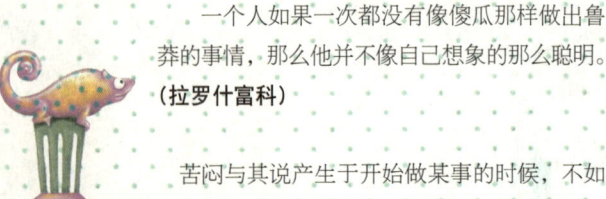

一个人如果一次都没有像傻瓜那样做出鲁莽的事情,那么他并不像自己想象的那么聪明。**(拉罗什富科)**

苦闷与其说产生于开始做某事的时候,不如说主要来源于做还是不做的犹豫之中。**(罗素)**

胆小鬼在一生中会经历上百次,上千次死亡。
勇敢的人在一生中只会体验一次。
怎么样?这一次不就足够了吗? **(莎士比亚)**

在晚年回首往事的时候,我知道我会说这样的话:"该死,我应该采取更多的行动才对……"**(戴爱娜·本·威尔拉奈次)**

如果想排除所有的障碍再重新开始,那么最终什么都无法尝试。**(塞缪尔·约翰逊)**

请记住,人们常常后悔的是人生中没有尝试过的事情,而不是做过的事情。**(托尼·理查森)**

我们想象的状况往往比实际情形更糟,但是如果自己冷静面对,去努力尝试的话,最终会战胜一切,取得胜利。之后你都会不解:"为什么一开始我会那么胆怯?"**(伊丽莎白·巴雷特·勃朗宁)**

人们都说随着年龄增长会放弃越来越多的东西,但是我认为正是因为人们放弃了越来越多的东西才会使年龄越来越大。(**希尔多尔**)

恐惧在敲门,我开门一看,门外空无一人。(**美国格言**)

如果不昂首挺胸而只是专注于脚下的话,你只会苟活于世;如果不想挑战天空般的高度,你将永远不能摆脱在地上爬行的命运。(**本杰明·迪斯雷利**)

想做的事情现在立刻就开始做吧!我们的生命不是永恒的,我们拥有的只是一瞬间,它正是在我们手中稍纵即逝的现在。(**玛丽·贝文·瑞**)

对于想做的事情,最简单的回答就是"尝试着去做"。**(英国格言)**

当你正想着是否该开始做某件事的时候,就已经错过了时机。**(托马斯·卡莱尔)**

比起教 20 个认为应该实践的人,我更愿意教 1 名肯付诸实践的人。**(莎士比亚)**

今后 20 年你会因为没做某事,而不是做了某事而失望。所以解开绳索吧!从安全的港口启程,向着远方出发吧!乘着信风航行,带上梦想去探险,去发现吧! **(马克·吐温)**

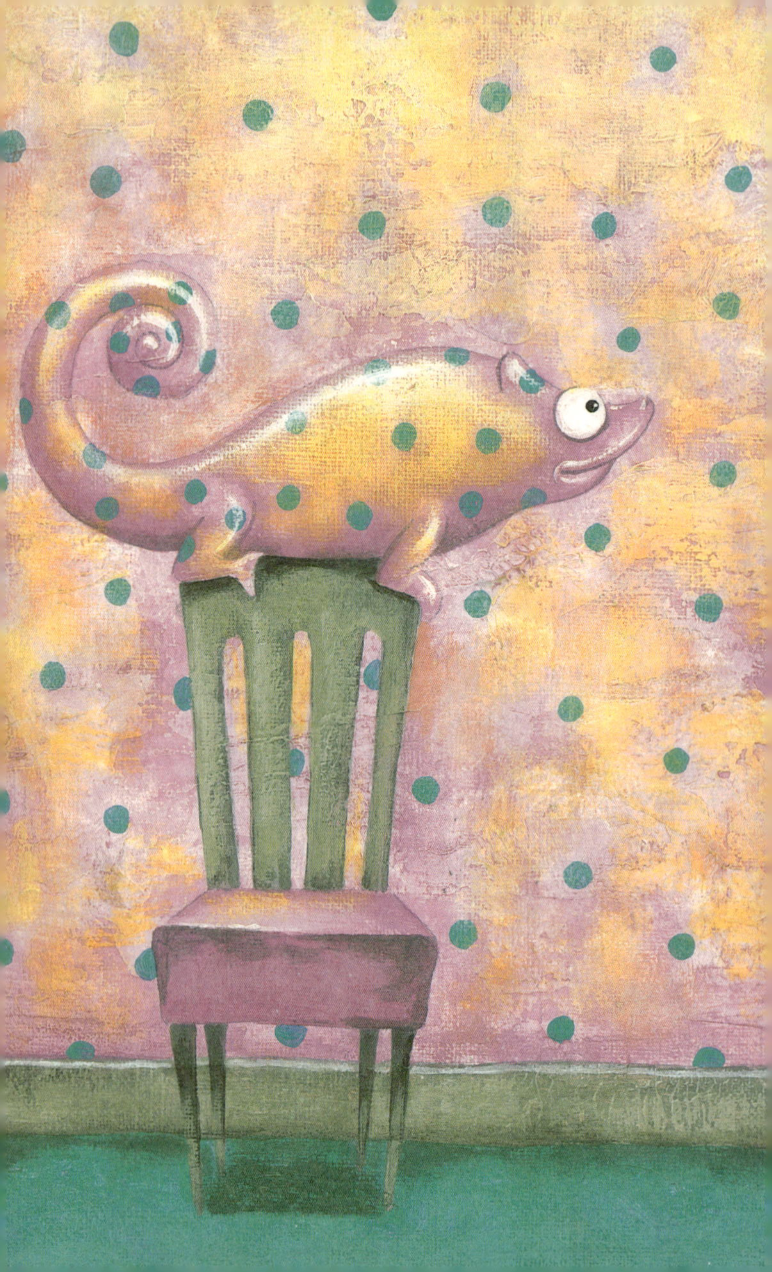

主动出击,改变人生

寻找魔力的黄金石

很久以前,埃及亚历山大图书馆发生了一场火灾,所有的书都毁于一旦,只有一本幸免。它是一本讲述可以使金属变成黄金的"魔力黄金石"的书。

有一位青年偶然得到此书,他悄悄地来到黑海沿岸寻找那块具有魔力的石头。能够找到这块石头的线索只有一个,那就是从外表看它与其他的石头没有两样,但是握在手中会有一丝的暖意。这位年轻人来到海边,从早到晚,在黑海沿岸一个一个地摸着那些小石头。为了避免摸到同一块石头,他把摸起来冰凉的石头向着面前的黑海扔去。就这样捡起来,扔出去……同样的动作到底要重复多少次呢?几十万次,还是几百万次?

岁月流逝,多少年后的某一天,他像往常一样来到海边捡起石头扔到海里。在不断的重复中,当初的目的已渐渐变得模糊，只剩下了机械的动作。这一次，他又像往常一样把石头捡起来扔向大海，可手中却留下了奇妙的温暖，他感到这块石头与至今为止捡到的冰冷的石头完全不同。这石头正是可以使金属变成黄金的魔力黄金石。他慌忙跳入海中，可是黄金石已经不知不觉地沉入海底，消失得无影无踪。

在日复一日毫无变化的生活中，我们的思维已变得麻木，即便机会眷顾我们，我们也不懂得把握，把它们弃之不顾，最后幡然醒悟，却已经后悔莫及。不知道这是不是我们普遍的生存状态：在单调乏味的生活中，不知不觉我们已经忘记了生存的初衷，渐渐失去了对生活的热情。即使是面对自己渴望已久的事情时，你可能会用"我又能如何呢？太晚了，就这么过吧"诸如此类的话来拒绝变化。单调的生活节奏最终会让人褪尽思维的锋芒。只有一件法宝可以为我们的生命注入新的活力，这就是击碎自身的枷锁去改变想法。

在渴求变化的人面前，想做的事情数不胜数。"学学这个？""试试那个？"一旦产生这样的念头，就要果断地付诸行动。为了改变自己的生活，主动出击！

打开心灵的降落伞

"是啊,我也试试吧!"当这一声音在心中响起时,前进的方向就在你的面前。选择前进的方向并作出决定是你自己的事,更是你的权利,你可以向任何人请求帮助或咨询意见,却不可以让他们选择或操纵你的人生。

长久以来,我们惧怕对自己的选择负责,决定事情的时候,不是听从自己内心的声音而是轻易地遵从他人的决定。我们不自觉地受制于人,钻进了自己编的套子里,这时自由美好的人生已经不复存在了。所以从现在开始,让我们从这种随意迎合的观念中摆脱出来。

试着从小处开始改变吧,假如你想穿一件迷你裙,或者藕荷色的连衣裙,抑或想学跳性感的肚皮舞,不要因为他人的目光而放弃,立刻去尝试吧。尝试新奇的事情,最初你也许会感到不适应,但是这些细小的事情会给生活带来多少生气和活力,只有经历过你才会知道。

如果去旅行,我会把之前没有尝试过的事情尽情地尝试一番,比如说在腰间文上散沫花,穿上一件完全裸露后背的衣服,或是穿上一件性感十足的比基尼。不管怎么说,挑战新造型会让我感觉自己发生了特别的变化,心情也会变得兴奋和激动，从而对自己更加自信。

　　心灵就像降落伞，当它完全打开的时候，就是最能发挥作用的时候。我们在生活中总是期待着能有那么与众不同的一天，但又不愿付诸行动。其实，我们没有必要去苦苦等待，或者埋怨自己的人生。只要不畏变化勇敢尝试，今天就是特别的一天！

　　出去旅行，第一次接触异国的文化；高中毕业，突然发现自己已经迈入了成人的行列；从学校的围墙中走出来踏入社会，忽然被置于新的生活面前——我们常常会在人生的十字路口徘徊。是戴上面具去迎合他人，还是做自己人生的掌舵人，将航船驶向崭新的世界，这都由你决定。因为人生的导演是你自己，观众也是你自己。

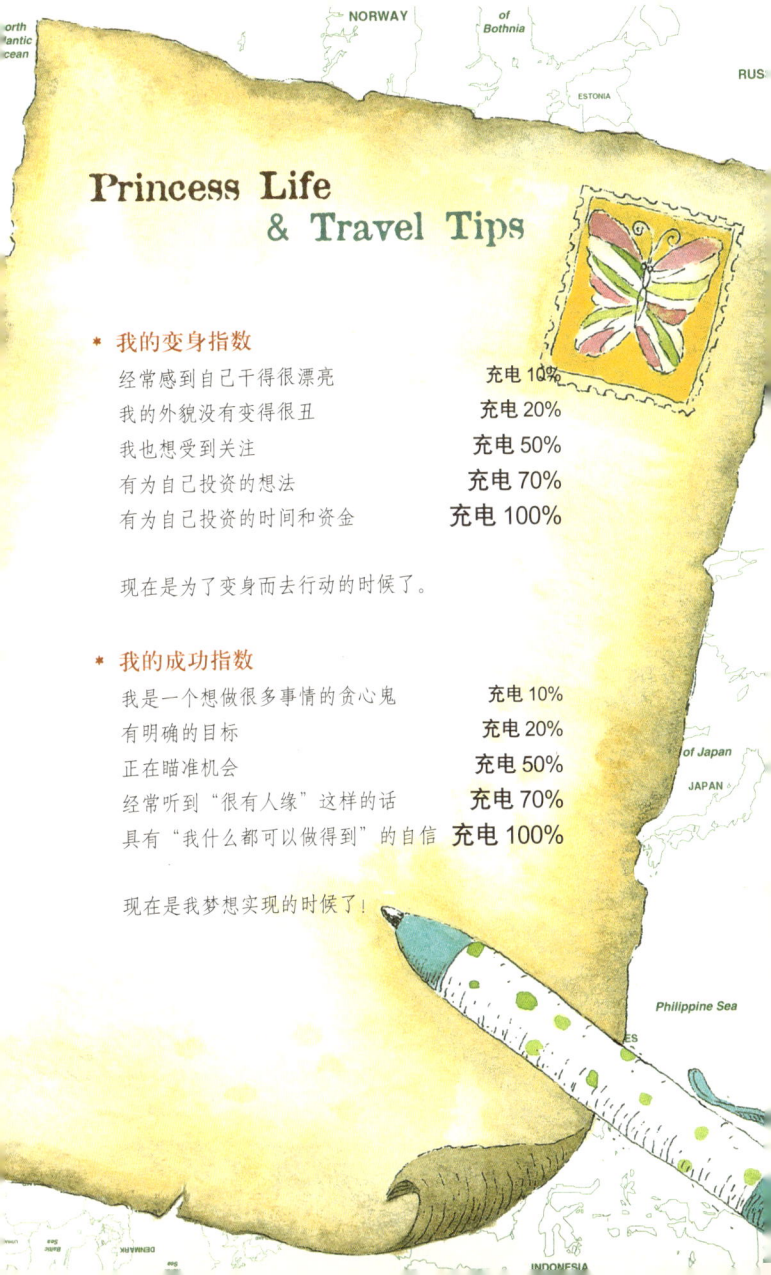

Princess Life & Travel Tips

* **我的变身指数**

经常感到自己干得很漂亮	**充电 10%**
我的外貌没有变得很丑	**充电 20%**
我也想受到关注	**充电 50%**
有为自己投资的想法	**充电 70%**
有为自己投资的时间和资金	**充电 100%**

  现在是为了变身而去行动的时候了。

* **我的成功指数**

我是一个想做很多事情的贪心鬼	**充电 10%**
有明确的目标	**充电 20%**
正在瞄准机会	**充电 50%**
经常听到"很有人缘"这样的话	**充电 70%**
具有"我什么都可以做得到"的自信	**充电 100%**

  现在是我梦想实现的时候了!

Princess's Wise Saying

尝试着改变
你就会发现崭新的自己

那个女孩子认为作出选择为时过早,但是当她长大成人,意识到想改变什么的时候却为时已晚。(保罗·科埃略:《自杀人生》)

变化是把握社会并且改变社会最强的力量,大部分的人对此都会感到害怕,但拥有智慧的人会张开双臂迎接它。一个人如果能常常向新事物敞开心扉,将自己的酒杯空出来,总有一天他会到达比想象还高的成功之门。(罗宾·夏玛:《朱利安与我》)

如果事物停滞不前,或已经结束,抑或不能发展和变化,那该有多么无聊和乏味啊! (丁尼生)

这期间给我们带来损失最大的一句话就是——"到今天我一直都是这么生活的"。(格雷斯·霍波)

我想对那些正在成长中的年幼女孩和年轻女性们说，无限机会正出现在你的眼前。只需要记住一点，树立的目标有多高，视野就会有多宽，以坚定的决心向着目标迈进，使梦想成为现实，这完完全全由你自己做主。（**捷列什科娃，第一位女性宇航员**）

所有的事情都来自于心灵深处真实的想法，如果把心灵封闭得严严实实，心灵的眼睛就无法睁开。（**法正大师**）

当一扇新的门被打开时，你每次都这样说："我对这个不感兴趣，这不是我想要的。"你都不屑向门里面望一下，怎么知道那不是你想要的呢？但是这样的质疑没有丝毫作用。事实上，这是因为人们固有的观念考虑到这种变化会引起动荡，感到害怕的缘故。（保罗·科埃略：《扎希尔》）

旅行的本质就是"发现"。当我面对全新的事物时，就会发现全新的自我；当我处于日复一日熟悉的生活中，思维就会一成不变。从日常生活中摆脱出来旅行，这段经历不仅会成为我们今后美好的回忆，而且会带来物质和精神上的变化，人就是在不断的变化中进化而来的。（**立花隆：《思索纪行，我去了这样的旅行》**）

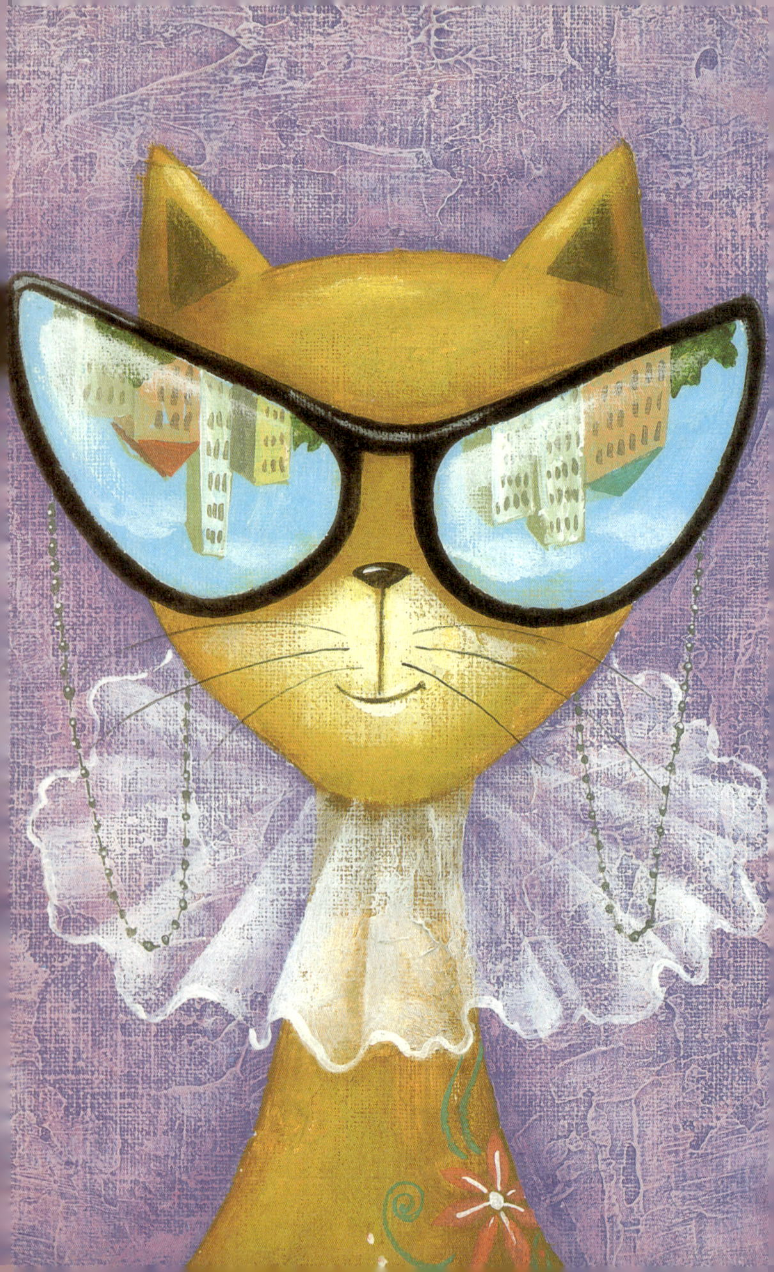

Discover

别样的风情需用心去发现

珍惜上苍给予我们的一切

一天晚上,一群世界名人在一起聚餐,有伊丽莎白·泰勒、理查德·伯顿、德鲁门·凯波特和著名的导演约翰·休斯顿等。大家一起围坐在狭长的餐桌旁,提出做一个游戏:每人轮流说出一个自己认为的人生中最重要的单词。按序轮了一圈,这个过程中大家想到最多的单词是:

美丽、财富、名誉、成功……

轮到了休斯顿。他环顾左右,取下一直叼在嘴里的雪茄,轻声说道:

"珍惜——要珍惜上苍给予我们的一切。"

走下飞机的那一刻,我立刻可以感受到他乡别样的风情:"啊,我正站在一片全新的土地上。"这种以全身心迎接一片新奇世界的感觉奇妙得难以用语言来形容。

从现在开始让我们珍惜上苍给予我们的一切，并学会慢慢地享受吧。享受一切因旅行而带来的陌生感和新鲜感，接受这一切并铭刻在你的记忆中。

这样，你会在不知不觉间发现自己竟已置身于以前根本无法想象的美妙境地。一直以来，我们总以为自己生活的世界一成不变，其实不然，只是我们的心被生活所麻痹以至忘了去感受周围世界的变化。

我建议大家即使去旅行，也要抽出一天左右的时间远离所有人都必经的景点，去感受一下别样的世界。旅行给我们提供了一个探险和体验新事物的绝佳机会，所以无论如何，请抛弃那些想多看一处所谓名胜古迹的欲望吧，别人都做的事情并不意味着你也需要去重复。旅行的真正目的不是走马观花地看风景，而是用心去体验。

离开游客喧嚣的地方，离开那些挤满了现代人的古迹，也不要到那些收费昂贵却服务冷淡的景点饭店。到那些安静的，可以饱览当地人生活场景的地方去吧，我们或许可以发掘到一间雅致的咖啡屋或一家独特的小店铺。试着去找一找那些和你志趣相投的好地方吧，那里可能蕴藏着你意想不到的风景。

像当地人一样观光

第一次去纽约的时候,我忙着去参观帝国大厦、世贸大厦、大都会博物馆之类的地方。但是第二次和第三次去的时候,我开始像个纽约人一样,享受着这个城市中每一个美妙的细节。

和晨光一起起床,穿上运动服,去纽约中央公园慢跑。然后在西餐厅里悠闲地吃着早餐,坐在露天咖啡馆里一边看报纸一边喝着拿铁咖啡。我像个地道的纽约人一样,穿着舒适的运动鞋(他们经常会走很多路,都在包里放一双高跟鞋,必要的时候就拿出来穿上),拎着一瓶水饶有兴致地东游西逛。当你以一个本地人而非一个游客的眼光走在这个城市的大街小巷,你会更加亲近这个城市,会不由自主地去关心你身边的每个人,甚至一草一木。

在波士顿时,我坐在哈佛大学和 MIT 大学周边的广场上和大学生们一起欣赏音乐和舞蹈。那些跳着霹雳舞的黑人怎么看都觉得聪慧过人,他们似乎是上帝的舞者,让你可以忘却一切,心随着那热烈的舞姿欢呼和跳跃。有时我会去哈佛大学的校园,像个在校生一样,躺在校园里柔软的草地上,享受青草和阳光的味道;或去图书馆漫无目的地看书,只是为了感受周围学生的蓬勃朝气——一种让你觉得未来可以有无数可能的朝气。

在旅游时把自己看成当地人,才不会感觉自己是异乡客,也才会拥有"走进自己的世界"这样的美妙感受。

有时我会没有计划地乱逛,一次偶然发现了一个叫做"海伊(Hay-on-wye)"的小镇,它被誉为"天下旧书之都"。这个位于英国威尔士地区的海伊小镇,汇集了全世界的旧书,它会让人不由自主地产生长住不走的念头。海伊小镇收藏了包括罕见的初版图书在内的各种各样的图书,40余家旧书店林立于此,犹如一幅美丽的画卷。世界各国的人们来到这个小镇只为寻觅需要的图书。我于意外中发现了这个在旅行指南书上都找不到的小镇,仅这一点就让我对这个小镇产生了特别的感情。

当大部分游客疲于在旅游胜地奔波的时候,我却痴迷于别人毫不留意甚至遗忘的角落,享受着只属于我自己的旅行。

多年之后回首旅程,对于华丽雄伟的高楼的记忆变得渐渐模糊,而旅途中与他人的交谈以及在无人知道的陌生地方留下的回忆却日益清晰。

Princess Life & Travel Tips

✻ 危机时刻救治你的神奇药方

> Que sers sers = 顺其自然
> C'est la vie = 那就是人生
> Ourvre Sesame = 芝麻开门
> Obliviate = 忘记一切不愉快
> Roopretelcham = 美梦成真

✻ 为自己的双眸干杯

即使欣赏的只是街头画家的作品,也能够发现其价值。
即使对方不开口,也能够读出他想要什么。
它能够展望未来,
能够看到远处的天空和山峦,
能够看到所爱的人。

我身上没有任何一处不珍贵,
尤其是那明亮的双眸。

Princess's Wise Saying

在我的人生中
不能只是一味地打呵欠

从我内心深处涌动的,正是我想用一生去经营的东西。(**赫尔曼·黑塞**)

人生的目的在于寻找把我们塑造为不平凡的人的路。
(**伯尔尼·希格尔**)

我对自己终究还是感到不满,因此我考虑以新的形式、新的计划重新开始一切。(**陀思妥耶夫斯基**)

旅行的精彩之处不在于游览美丽的风景,而在于带上清晨的希望和期盼,兴致勃勃地出发。(**路易斯·史蒂文森**)

"没有什么是做不到的",这才是为了充满乐趣的人生而喊的口号。(**梅森·库里**)

我为什么站在这上面，有谁知道理由？

我站在这上面是为了从不同的角度去观察。

从这上面看去，世界就大大不同。

如果你不相信，就快来试试吧。快点，快点！

你自以为了解的事情或许应该再从其他的角度去看看，即使是错误或是傻瓜似的事情也应该去尝试一次。**（电影《死去的诗人的世界》）**

如果你开始认识到无论是人生的哪个阶段都会有新的机遇，那么变老也不是什么坏事。**（谢瓦利埃·莫里斯）**

不知道去哪里的话，就循着心灵的方向出发吧，它就像一条光明大道，每一步都会给你带来一个新奇的世界，崭新的自我。**（毛拉维·鲁米）**

就像变幻无常的风浪一样，在人生的旅程中命运之路难以预测。旅行的成败取决于旅行者的态度，而不取决于风浪的变化。**（威尔科克斯）**

我看到太多的人盲目地虚度一生。
直到无法再欺骗自己时,就开始埋怨自己的命运。
但是命运到底是什么?
它是每个人自己创造的。**(高尔基)**

　　心中没有法国的话,即使到了法国,你也看不到它。**(沙纳汉)**

画可真是个神奇的东西。
人们对于实物从来不会感叹,
但是当它被描入画中,
人们就会感叹它和实物有多像。**(帕斯卡尔)**

从黑暗中醒来后,要知道自己何时背上行囊再次出发,只有这样,你才会有新的发现。为了旅行,你需勇敢地迈出另一只脚。**(拉姆·达斯)**

人生中被误以为真的假钻石有很多,与此相反,没有被认出的真钻石也非常多。(泰戈·杰)

人生不会因生活中发生的各种各样的事情而改变,但会因我们内心深处涌动的想法而变得不同。(马克·吐温)

人生就像一本书,愚蠢的人会匆匆翻过,明智的人会仔细阅读,因为他们知道这本书只可以读阅读一次。(桑·帕乌尔)

人生是无止境地学习的过程,世界是充满诱惑的地方。随着发现的东西越来越多,就会越来越想发现更多的东西。(帕特丽霞·维内尔斯托姆)

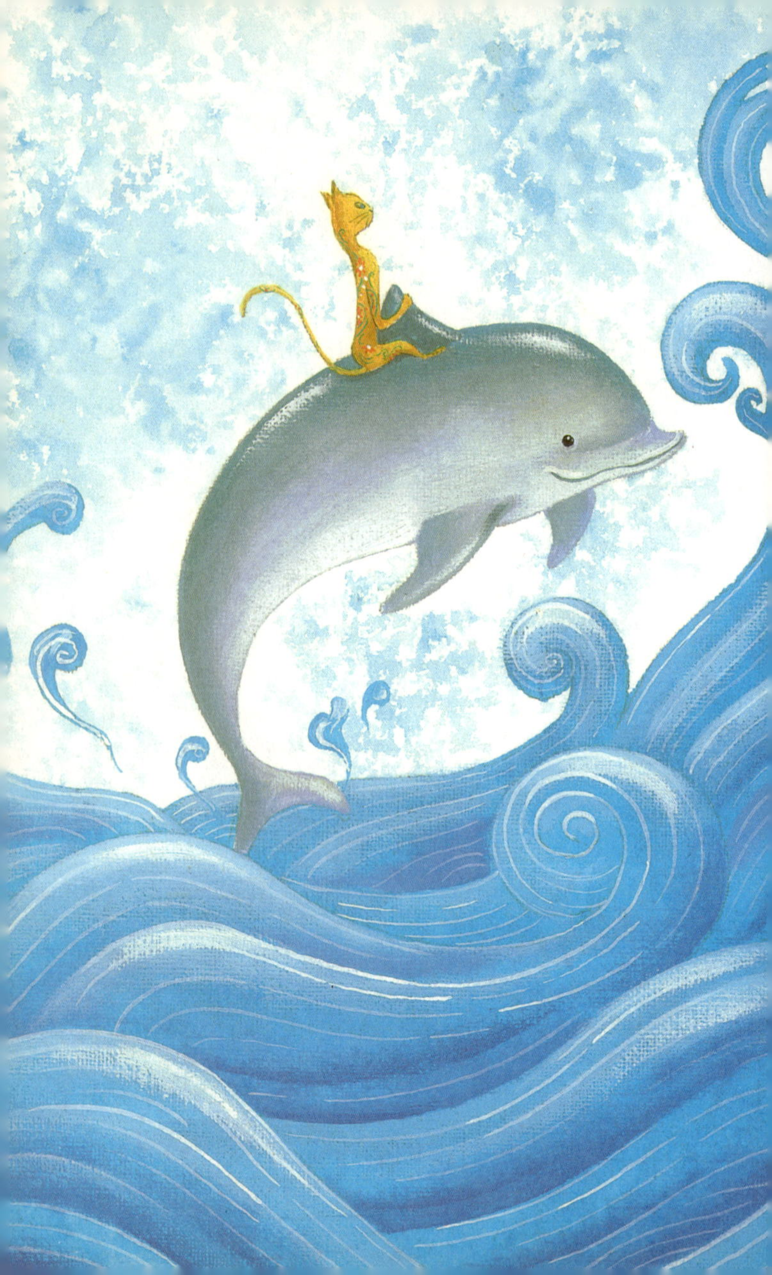

Experience

在生活中领悟人生的真谛

漫无止境的别样经历

18、19世纪英国贵族子女的教育的最后一个阶段是参加"Grand Tour"(欧洲大陆巡回旅行)。孩子和家庭教师一起用一到两年的时间在国外旅行,学习外语、了解异国文化,体验别样的经历从而变得成熟稳重。不同于今天舒适的团体观光,那些孩子除了要面对布满四处的荆棘,还要面对虫叮蛇咬。即使当地的饮食不合口味也要强忍着咽下去。在罗马,旅行的孩子为了过冬,要翻越险峻的阿尔卑斯山脉,这使得旅行的艰险达到了顶峰。经历了这样的旅行,当他们再次回到家时,不但勇气倍增,拥有了在学校永远无法获得的丰富的经验,同时也拥有了国际化的思维方式。

经历——就是生存的意义!没有什么比从旅行中得到的经验更特别的了。

平时无法尝试的事情你都可以试一次，比如：穿上露脐装在人迹罕至的沙滩上跑步，或是在闪耀着绿宝石色泽的海水中与海豚和小鱼们一起游泳……不用看别人的眼色，更不必有任何犯罪感，在一个陌生的环境里，你可以尽情享受旅行带给你的新体验。

如果全身心投入，你会发现旅行真正的乐趣。你可以在某天早点起床，去当地人常去的早市，那些带着露水的新鲜蔬菜和水果都会告诉你，当地人平凡而富有活力的一天从这里开始。你可以提一只菜篮，买一些只有当地才产的新鲜水果，还可以在路边的小摊上吃早点。这一切都会为你一天的行程拉开朝气蓬勃的序幕。

像其他人一样，到美国就要去百老汇，到澳大利亚就要去歌剧院，去聆听一场音乐剧或是歌剧。那么请在这一天换掉拖鞋和短裤尽情地打扮自己吧。

几年前，背包旅行还被看做是年轻的象征。但是现在旅行的方式却大相径庭。在机场，你会发现比起那些背包族，手中拖着行李箱四处走动，并发出"当当当"高跟鞋声音的时尚登机旅客更多。

人们经常会选择把行李寄存，穿上漂亮的衣服和鞋子，轻松地去旅行。如果你是一个背包族，那么除了在背包里面放进一件T恤衫之外,还要记得带上去看演出和去酒吧时换的衣服。如果你是行李箱族,那你可以去尝试更加时尚的旅行。

今天,让我们换上迷人的晚礼服和高跟鞋,一边听着爵士乐,一边品尝鸡尾酒,开始体验别样的旅行吧!

经历才是真正的收获

在拉斯韦加斯有一座全美第二高塔,共103层,在最上层顶部设有自由落体和过山车。你能想象那是怎样一种惊心动魄的场景吗?在比韩国最高的63大厦还要高出一倍的高空上,居然设有自由落体和过山车!以前的我"死也不去坐自由落体",如今的我觉得"现在不坐,更待何时"。随后,被朋友们连拖带拽地拉了上去。我紧闭双眼,一边瑟瑟发抖,一边开始背诵祈祷文的时候,自由落体"嗖"地一声飞了上去。

"Wow, It's amazing."在朋友们大声的怪叫声中,我睁开了眼睛,世界上用电量最多的城市——拉斯韦加斯的全景展现在我眼前。成千上百万的灯光密密匝匝地聚集在一起,呈现出一片无与伦比的壮丽景象。天啊,哪里还会有这么美的地方呢?我停止了呼吸,不是因为恐惧而是因为美丽。此刻我的心情就像坐着银河列车999在环游整个银河系一样。那瞬间的感觉，让我发现语言的贫瘠和文字的苍白，穷尽世间的词汇可能都无法表达那种震撼和感动。

在美国加利福尼亚拉古娜沙滩，有一个叫做丽思卡尔顿的酒店。该酒店的健身房建在悬崖峭壁上，正面是落地玻璃，当你在跑步机上锻炼的时候，在你眼前呈现的只有大海和天空，感觉就像在大海上奔跑。那种体验怎么能用语言来表达呢？在生活中，语言或文字与经历比起来，很多时候都显得那么苍白无力。

是否想过暂且放下手中似乎永远忙不完的事情，抬头看看周围那些熟悉却从未注意的事物：那娇绿的刚抽芽的柳叶，那雏鸟清脆的叫声……你看到、听到了吗？甚至还有那温暖明媚的阳光，你的肌肤感受到了吗？

此时，我正在普吉岛上写这篇文章。阳光从椰子树叶缝隙中透出，和着报亭待售的薰衣草浓郁的香气，让人迷醉。

经历后的收获会永记心中，这些都将真正属于你。

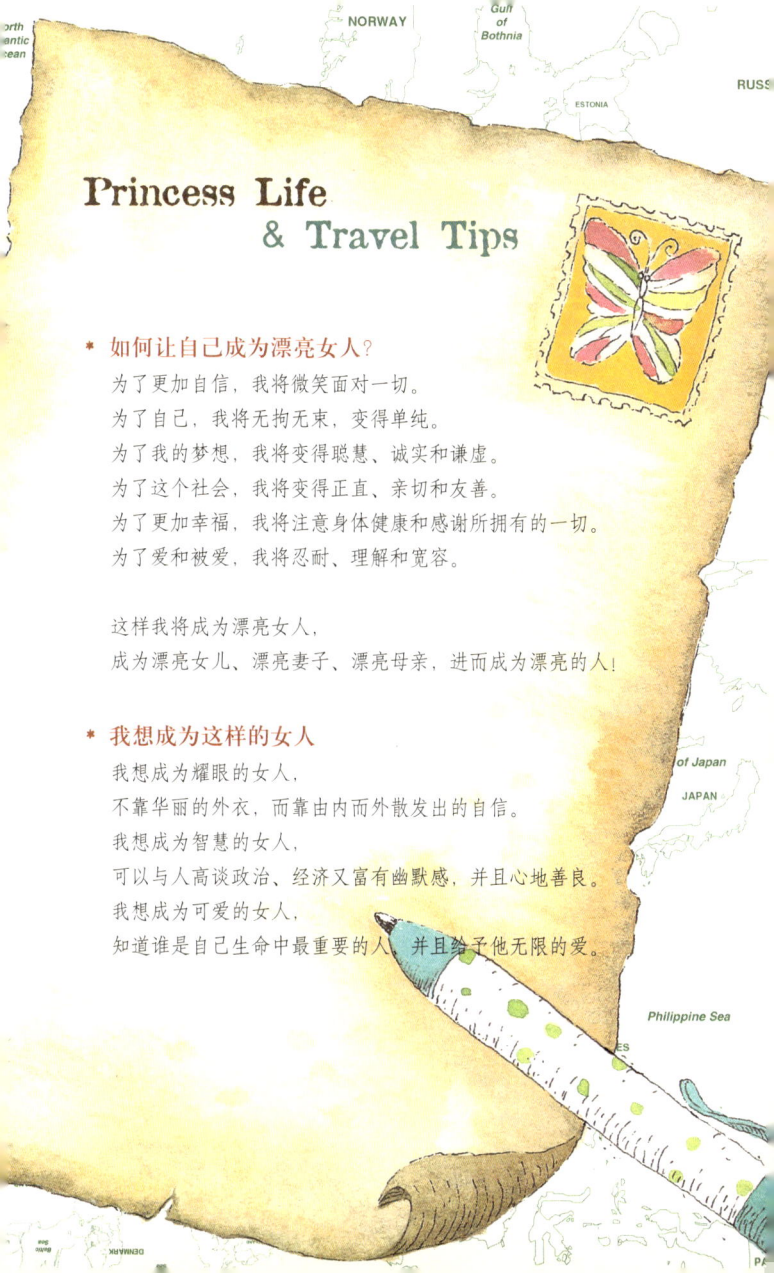

Princess Life
& Travel Tips

* **如何让自己成为漂亮女人？**

    为了更加自信，我将微笑面对一切。
    为了自己，我将无拘无束，变得单纯。
    为了我的梦想，我将变得聪慧、诚实和谦虚。
    为了这个社会，我将变得正直、亲切和友善。
    为了更加幸福，我将注意身体健康和感谢所拥有的一切。
    为了爱和被爱，我将忍耐、理解和宽容。

    这样我将成为漂亮女人，
    成为漂亮女儿、漂亮妻子、漂亮母亲，进而成为漂亮的人！

* **我想成为这样的女人**

    我想成为耀眼的女人，
    不靠华丽的外衣，而靠由内而外散发出的自信。
    我想成为智慧的女人，
    可以与人高谈政治、经济又富有幽默感，并且心地善良。
    我想成为可爱的女人，
    知道谁是自己生命中最重要的人，并且给予他无限的爱。

Princess's Wise Saying

每个瞬间的经验

都将作为一生的珍宝来收藏

经验犹如每日的清晨,通过它可以掀开未知世界的神秘面纱。阅历丰富者比算卦先生知之更多。(达·芬奇)

最长寿的人不是年纪最大的人,而是经验最丰富的人。(卢梭)

想要发掘人生中的宝藏,别无他路,只有钻进深邃的洞穴之中。前行的道路上我们会跌倒,在跌倒的地方我们找到了渴望已久的宝藏。(乔瑟夫·坎伯)

我们怎能虚度自己的青春?哪怕只有一瞬间耀眼的璀璨,我们也要为之燃烧。就这样,直到化做一撮白色灰烬;就这样,彻底燃烧至最后一刻,毫不后悔。(千叶彻也:《明天的丈》)

创造力是指从以往的经验中推断出新事物的能力。有些人之所以创意无穷就是因为他们比别人阅历丰富，或者他们善于从经历过的事情中汲取经验。**（斯蒂夫·乔布斯）**

如果我们的经验可以出售的话，我们每个人都能成为百万富翁。**（范·布伦）**

人生是有意义、有目的、有价值的。在你人生中经历的每一丝痛苦都不会白白忍受，每一滴眼泪，每一滴鲜血都不会白流。**（小林龙司：《仅一次的人生，我想这样活》）**

说过的话会忘记，看过的事也会变得模糊。然而亲身经历过的事情，你一定会记忆犹新。**（印第安格言）**

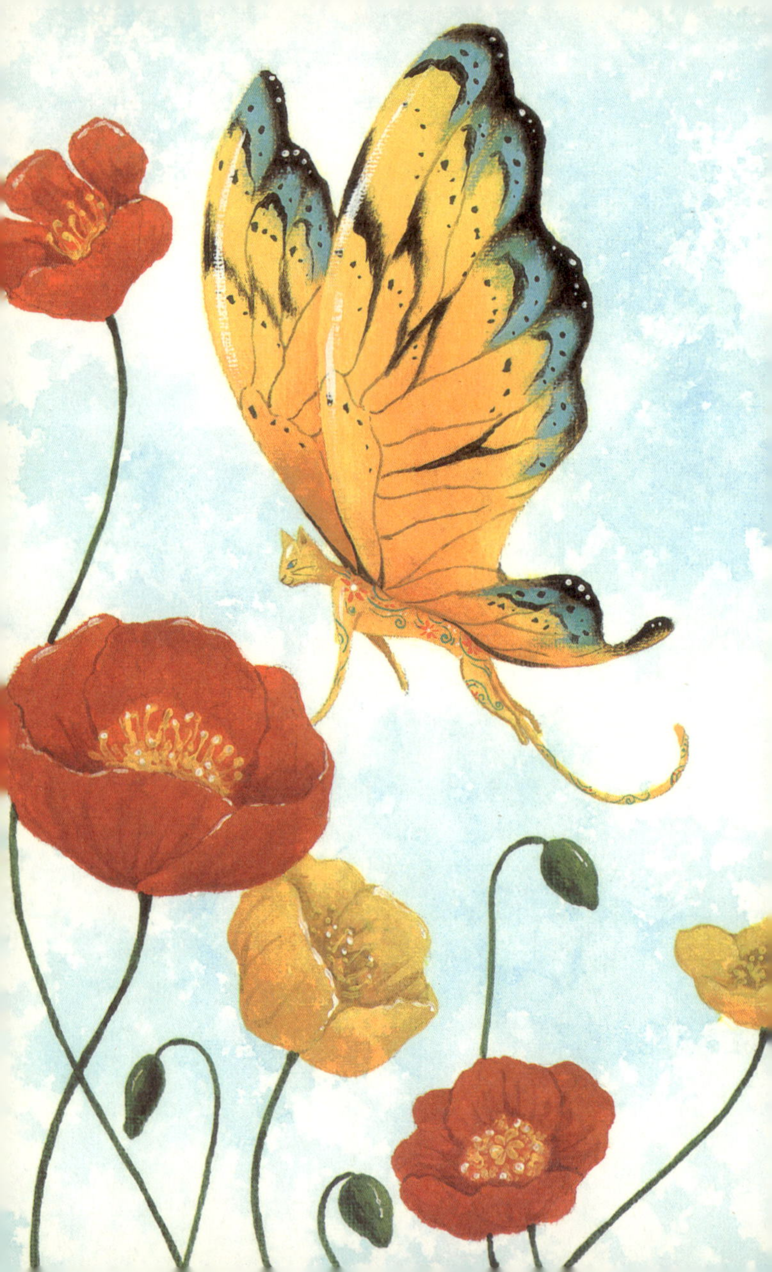

在广袤的世界里放飞自由

像天空一样自由

有一次我跟七岁的侄女惠彬一起散步,那天的天空特别地蔚蓝明净。望着湛蓝的天空,惠彬忽然张开双臂,围着我跑了起来:"如果天空是我家就好了。"

看着挥动双臂像蝴蝶一样跑来跑去的惠彬,不知为什么,我感受到了一种从未有过的自由。

在一份"人们最喜欢什么颜色"的调查问卷中,占第一位的是天空的颜色,第二位是白色,第三位是绿色,其实这三种颜色都是天空所蕴含的颜色。

我总喜欢用相机记录世界各国的天空,它们是如此让我着迷。

每每看到天空和白云,就会有一种想飞的冲动,渴望像天空中的鸟那样自由飞翔……李海仁修女曾经说过"在天空中寻找希望",而我则在天空中寻找自由。

自由并不都在远方。偶尔有一天，没有闹钟，可以睡到自然醒；吃自己想吃的食物，不用担心身体的健康和体重。即便在平凡的生活中，自由也无处不在。

如果可以，从早到晚什么都不做，只是坐在地板上读一直以来想读的书或在瓢泼大雨的日子里，偎在床上，然后来一碟泡菜饼……

这样的情景，只是想想，都会让人如释重负。

很多极其平凡的事物都能让我感受到自由的存在：登山和骑车，站在户外感受漫天的鹅毛大雪，还有沐浴在温暖而又耀眼的阳光中。

自由存在于日常的幸福中，也存在于无忧无虑的旅途中。就像无论何时何地只要你抬起头，就能看到的蓝天那样简单，也像静静流淌的江水那样平淡。

我们总是呆呆地坐在房间里，抱怨自己的生活中有如此多的束缚；总是透过模糊的玻璃猜想着窗外美妙的自由。那么为什么不走出去，亲身感受一下你内心渴望已久的自由呢？如果永远把自己关在屋子里，你就会变得愈加烦躁，一辈子总在自怨自艾中憧憬着窗外的世界。而只有当你置身于窗外的世界中时，你才会知道感谢窗内看似狭小的空间给予你的安乐和舒适。

听从心的召唤

不要把旅行安排得如同工作日程，不要给行程加入太多任务，更不要把旅行等同于观光。

让你的旅行听从心的安排，随意地行走，走累了就稍作休息，休息完了再继续前行；如果突然怀念刚刚看过的风景，又何妨折回去……

还可以用一天的时间，租一辆车子沿着海边公路飞驰。酷酷的太阳镜、飘逸的丝巾，驾着敞篷跑车在海滨公路上飞驰的身影……你是否连做梦都没有想过呢？

我和我的朋友们都梦想着有一天能像电影《末路狂花》的主角那样开着汽车漫无目的地旅行。于是一拿到驾驶执照，我们就租了辆车子踏上旅程。我们四个人中虽然有两个人在韩国考取了驾照，但全都从未摸过车，我和另外一位朋友则是在旅行出发的前一天刚刚把驾照拿到手。我们出发后，牧师每天都会在做礼拜的时候为我们四人单独做祷告。

一次鲁莽而盲目的旅行就这样开始了！

不管怎样，我们终于闯过各种难关前行。在返程路上，方向盘交到了我的手中。因为想去卫生间，我就把车开到了拉弗邻休息站，迅速上完厕所后又开车飞驰了一两个小时。后来副驾驶位子上的朋友想去卫生间，我们就去了最近的一个休息站。从车上下来，我们突然发现车上包括我只有三个人。四人开始的旅行怎么只剩三个了？我们开始感到有些慌张，赶紧看手机，发现有很多未接来电。正在这时电话铃又响了，是教会的执事，他说朱蒂在拉弗邻休息站。大家都很惊讶为什么朱蒂会在那里。原来我去拉弗邻休息站的时候朱蒂也去了卫生间，我却不知道，上车后就直接出发了。我们急忙地赶回那里，而朱蒂在墙角已经哭得筋疲力尽了。一个人被扔在荒郊野外，内心一定无比恐惧，一想到这，我们四个人又哭作一团。

这是人生中最鲁莽但也是最有意思的一次旅行。因为我们第一次经历了真正的自由旅行——把音响开到最大，和着音乐大声唱歌；躺在如茵的草坪上，沐浴着阳光午睡；在半夜的深山中，仰望着浩渺的星空……这些独一无二的经历将成为我们心中永远挥之不去的记忆，以致我们每每想到这些，嘴角都会不经意地浮现出微笑。

Princess Life & Travel Tips

* ### 天作之合
    说起春天就会想起花，
    说起海边就会想起比基尼，
    说起雨就会想起彩虹，
    说起秋天就会想起落叶，
    说起圣诞节就会想起圣诞老人，
    同样，
    说起旅行就会想起自由。

* ### 彩虹旅行
    与其焦急不如镇定，
    与其浮躁不安不如保持沉默，
    与其费尽心机不如无所用心，
    让我们带上一双明亮的眼睛去旅行。
    尝试一下突破自我的风格，
    脱去褴褛的衣衫换之以整洁的面容，
    让我们创造像宝石一样闪亮的人生。

Princess's Wise Saying

仰望窗外的蓝天
享受片刻的自由

自由是我们每个人内心深处的乐土。**(胡果)**

我漫无目的四处流浪，每当想到要在什么地方安顿下来，我就会胸口闷得慌；我想驾一叶方舟四处漂流，像流水一样不在任何地方驻足，就这样静静地躺在小舟上数着云，读着书……**(电影《拜托我的猫》)**

人类的自由并不在于可以做自己想做的事情，而是可以不做自己不想做的事情。**(卢梭)**

按照自己独有的方式来生活，这并非是利己主义；强迫别人按照自己的方式来生活才是真正的利己主义。**(奥斯卡·怀尔德)**

幸福就像一只小小的青鸟，抓得住它才可能获得它。切记要轻轻地、慢慢地，只有让它感受到自由，它才会在你的手中停留。**(黑贝尔)**

我知道自己一无所有，可是不受束缚的畅想为我的灵魂插上了自由的翅膀；无处不在的幸运使我领略到了充满欢乐的每个瞬间。**（歌德）**

让我们获得自由吧。从自己这，从他人那，从这个时刻就开始。**（埃迪·默菲）**

我向往的生活其实很简单。我喜欢放声歌唱，尽情欢笑，随心所欲地漫步，享受独处的时光和观察世间万物。我喜欢飞行，推敲文字，简单地回答问题——对或是错。我喜欢用真诚的心去倾听，用虔诚的心去倾诉。每一朵鲜花，每一颗果实，每一株野草，都让我感到满足。**（普特南）**

人即使不伟大也可以享有自由。但一个人如果不享有自由绝不可能变得伟大。**（哈里尔·纪伯伦：《可以给的爱很少》）**

关于自由，最最错误的看法就是认为摆脱了障碍就可以获得自由。**（艾伦·狄波顿）**

自由不是用来买卖的,而是根据自己的要求赋予自己的东西。(**塞尼卡**)

画一只青鸟,要留整片余白画一片蓝天。(**李外秀:《宣纸》**)

开始执著的那一瞬间你将失去自由。(**《经集》**)

向着心灵呼唤的方向前行吧,那么一切将得到满足。不再有是非之争,不再有非分之想。如果偏离了心灵的航线,那么赐予你的一切都将不再真实。(**米奇·艾尔邦**)

你的意志是自由的。当它选择了荒野时,它是自由的;当它选择了横截荒野的大路时,它是自由的;当它选择了随心所欲地游走时,它是自由的。但当你的意志告诉你,你不得不穿过荒野,这时的你将不再自由。(**卡夫卡**)

我的梦想是在一个陌生的城市里隐居。所以，就算耳熟能详的东西，如果有人娓娓道来的话，我也会像初次听到那样，静静地聆听那些有识之士高谈阔论，不发表任何意见。**（让·格雷尼耶：《岛》）**

自由是一棵树，一旦发芽就会迅速成长。**（乔治·华盛顿）**

我爱他们，那些拥有自由灵魂与自由心灵的人们……**（尼采）**

自由意味着责任，这也正是大多数人畏惧它的原因。**（萧伯纳）**

Chapter II

高贵的公主是精英BOBOS一族

BOBOS一族拥有中产阶级（Bourgeois）物质上的丰饶和波希米亚人（Bohemian）精神上的自由，她们是新资讯时代的精英份子，有自己独特的消费理念，思维活跃，并且引领社会潮流。她们自娱自乐，为了人生的精彩和幸福而生活。虽然她们每个人都有成功的神话，属于高收入的白领小资，但是与雅皮族（YUP，缩自 Young, Urban, Professional，指都市中具有专业技术、收入高、生活优适的年轻男女。——译者注）相比，她们不会为了炫耀自己而挥霍无度，而是致力于自我价值的实现或是文化修养和艺术品位的提高。也就是说，无论你多么富有，如果没有知识、教养和品位，那么你就算不上真正的BOBOS一族。

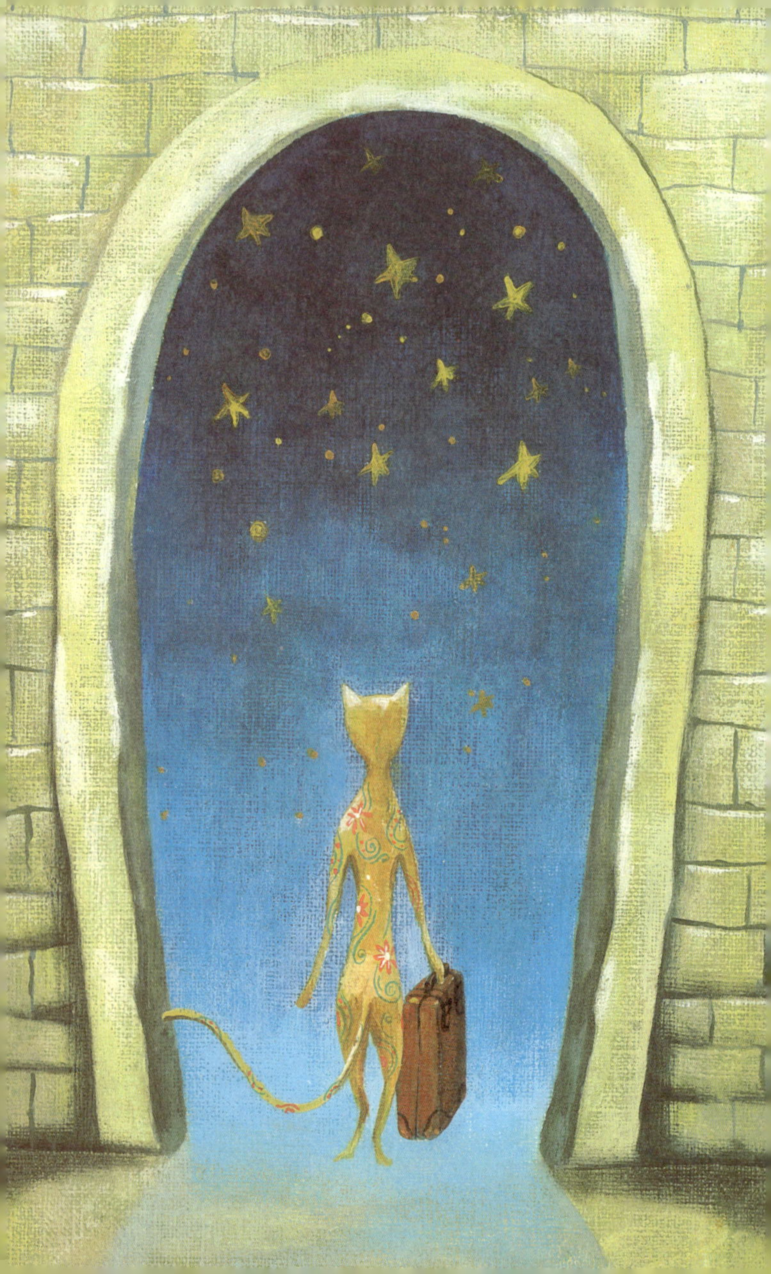

敞开你的心灵之门

向旅行高手学习

曾经,有人对生活在南美江中的水虎鱼进行实验:先把水虎鱼放在水槽中养上几天,几天后,在水槽的正中间放上一块透明的玻璃,把水槽一分为二。水虎鱼每次都撞在透明的玻璃上,无法再往前游。水虎鱼频繁地尝试,可是每次只会感到撞击的疼痛。随着时间的流逝,水虎鱼渐渐熟悉了水槽的环境,它们认为无论如何都无法穿过玻璃板游到更远的地方。不久之后,当人们撤掉玻璃板,水虎鱼也不再像以前那样自由地游来游去,每次游到水槽的中间位置,它们就自动地往回游。

我们是不是在不知不觉中变得越来越像水虎鱼?在生活中遇到几次挫折就死心了:"没办法,我命该如此。"

我曾问过很多在旅途中遇到的人:你为什么旅行?很多人的回答是一样的,就是想从单调的生活中摆脱出来，哪怕只有一次。早晨起床、洗头发、化妆、然后上班……随着时间的流逝，人会变得越来越麻木淡漠，无意识的习惯性的生活让人感到窒息，喘不过气，于是他们会像渴求新鲜的空气一样渴望着旅行。虽然会很辛苦，但他们依然会选择走出去。因为只有来到和机械单调的日常生活完全不同的世界，他们才能重新感受血液的流动和生命的活力。在旅行中汲取能量，然后精力充沛地投入到生活中，当感到力不从心的时候，会再次出发。正像这句话——"去过的人还会再去"所说的那样，第一次坐飞机出国会有些困难，但出去过的人就会想尽办法再去旅行。有些人为了休息，选择旅行。但是如果为了摆脱过去停滞的生活，开始新的人生，那么没有什么比旅行更好的了。当人们从旅行中归来，会更坚定地面向人生，大踏步前行。

很多时候生活会让我们感到吃力和乏味，让我们试着暂时摆脱吧。虽然这好像是一种从苦痛的现实中逃跑的行径，但是这却是忘记从前，重新开始的第一步。

韩菲从小梦想着环游世界，于是受儿时梦想驱使，她用了 7 年时间环游了整个世界。旅行让她得以重绘自己人生的地图，她对世界上所有的女人这样说道："我看到过很多女人，她们埋怨社会，抱怨环境，最终一事无成。人是没有经过打磨的原石，最终成为一块石头还是变成宝石，取决于自己的选择。不知道自己想要什么的时候，就去旅行，那种没有朋友陪伴的、独自一人的旅行……"

那并不是为了逃避现在的生活，而是在现实生活中无法继续前行的时候，为了更好地开始新生活而进行的旅行，凯旋归来之后我们会再次全身心地投入新的生活。

路是走出来的

在苏格兰出生的英国传教士利文斯顿在信中写道，他穿过了没有道路的丛林到达了非洲内陆的小村庄，也就是他想传教的地方。伦敦教会收到信后，回信说如果能修一条到达非洲内陆小村子的路，他们可以派更多的传教士过去。利文斯顿看后给教会又写了一封信，内容如下：

"这里不需要有路才来的人，需要那些即使没有路也会来的人。"

通往成功的路任何时候都在修建中，任何人面对着正在修建的陌生道路都会犹豫不决。但是不管什么事情，第一个敢于尝试的人一定会成功。人生也是如此，只有那些面对陌生的道路，依然可以鼓起勇气迈出步伐的人，才能开始崭新的人生。

如果决定走一条新的道路，那么请在上路之前把自己的背包好好地收拾一番。我指的是你内心的"背包"。把这次旅行中打算治愈的伤口放在背包的最深处，同时带上对新事物的好奇以及结交新朋友的期待。把只会增加你背包的重量，使你的肩膀疼痛不已的"担心"、"畏惧"、"不安"等从背包中果断地扔出去，带上"一切都会好"的自信和希望，开始旅行吧！

"开始"这个词包含了激动、好奇、期待和畏惧等意思，同时也意味着积极接受新事物，不畏惧冒险的决心。在你下定决心的瞬间，畏惧就随之蒸发了，那时才是真正的开始。清除从前所有的一切，在心里放入崭新的人生吧。

当你决心站在大门外的时候，就已经在心中告别了过去；当你站在门外的瞬间，则向世界宣告你已经向崭新的人生迈出了第一步。

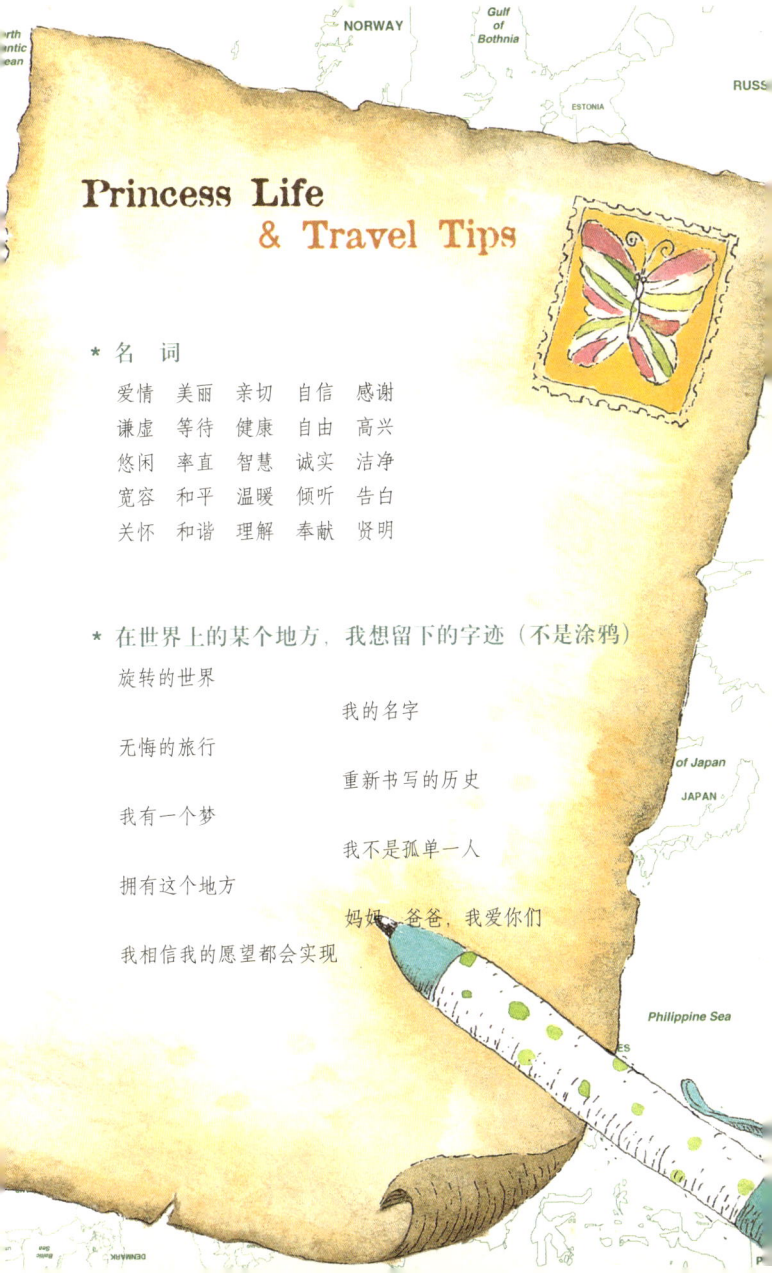

Princess Life
& Travel Tips

* 名　词

    | 爱情 | 美丽 | 亲切 | 自信 | 感谢 |
    | 谦虚 | 等待 | 健康 | 自由 | 高兴 |
    | 悠闲 | 率直 | 智慧 | 诚实 | 洁净 |
    | 宽容 | 和平 | 温暖 | 倾听 | 告白 |
    | 关怀 | 和谐 | 理解 | 奉献 | 贤明 |

* 在世界上的某个地方，我想留下的字迹（不是涂鸦）

    旋转的世界

    　　　　　　　　我的名字

    无悔的旅行

    　　　　　　　　重新书写的历史

    我有一个梦

    　　　　　　　　我不是孤单一人

    拥有这个地方

    　　　　　　　　妈妈，爸爸，我爱你们

    我相信我的愿望都会实现

Princess's Wise Saying

好，让我们向着崭新的世界与命运展翅飞翔

走出家门就意味着你跨出了漫漫旅程中最艰难的一步。（**荷兰格言**）

尽管蛋壳曾是鸟的整个世界，但是它仍要破壳才能诞生。要获得新生，不打破旧世界是不行的。（**赫尔曼·黑塞**）

很多人提前为自己建好宽广的跑道，如果我是那个人，就会马上起飞。（**阿梅莉亚·埃尔哈特，第一位横渡大西洋的女飞行员**）

虽然没有人可以回到过去重新出发，但每个人都可以把握现在创造新的未来。（**卡尔·巴德**）

有志者事竟成，这种信念是你开始主宰自己人生的唯一出发点。（**爱丽丝·科勒**）

幸运并不等同于机会，机会是我们向着未来迈出的坚实的第一步，而幸运则是随之而来的意外的惊喜。（**谭恩美**）

人做什么事情都一样,刚刚开始的时候最胆小也最勇敢。(**吉田修一**)

放手并非放弃,而是继续前行;放手并非在人生的路途中驻足,而是向着更好的方向迈进;放手只是我们追梦途中方向的调整。(**劳尔夫·鲍茨:《想离开的时候就离开吧》**)

在这个世界上有这样一群人,无论身处何地他们都懂得寻找快乐,离开的时候也懂得把这份快乐留给别人。(**费柏**)

请到悬崖边上来,
不去,我怕。
请到悬崖边上来,
不去,我也许会掉下去。
快到悬崖边上来吧,
他们去了,
他推了他们,他们飞了起来。
(**阿波里奈尔**)

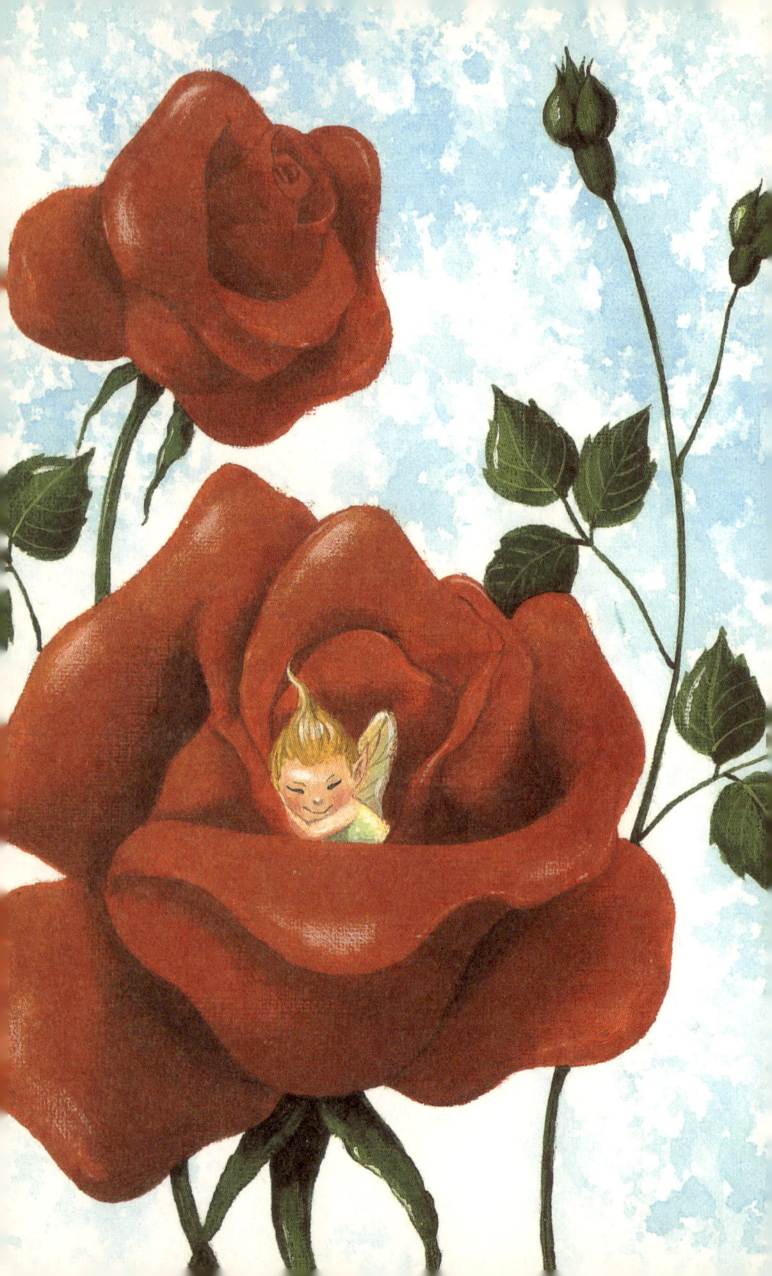

做自己心灵的治疗师

真正能治愈心灵伤口的是自己

一个有裂缝的坛子,主人因为它裂了缝而且又占地方,于是经常斥责它:"用你装水吧,水会漏一半,你实在是没什么用处。"最后主人把它扔掉。因为有了裂缝,自己的人生便结束了。想到这,坛子便放声大哭。后来村子里的小孩发现了这个被抛弃的坛子,用它装水打起了水仗。虽然仍然会漏很多水,但是孩子们一点也不介意。坛子于是非常感谢这些珍惜它的孩子。

有一天,旧主人拿着一个新坛子从这只有裂缝的坛子面前走过。虽然以前主人很疼爱自己,但想到他的无情,坛子就转过头去。这时候,新坛子嘲笑道:"裂了缝的坛子也算是个坛子吗?"这句话深深地刺痛了裂缝坛子的心。它认为自己真的是个废物,下定决心要逃到没有人的地方。正在这时,四周的花儿对坛子说:"坛子啊,你并不是一无是处,你看看这里盛开的花儿们,这些花儿、草儿都是喝着你流出的水长大的,如果没有你就没有我们,真的很感谢你。"

坛子很吃惊,回头看去,茫茫田野上竟然满是盛开的花朵。

不要因为一个人曾经犯下的错误而否定他的全部价值,也许是一时的失误,也许是当时实在走投无路。痛苦、失望、悲伤、离别……所有的一切,都是为了让人们知道什么是完全的幸福而存在。所有的苦痛都有它存在的价值,不要因此抹杀生命的意义。

无需自责,更不用因为挫折而一蹶不振。也许你会认为"只有我是冤枉的",认为上天不公,为什么"我是牺牲者",为什么受伤的总是我?其实上天永远是公平的,不幸和幸福总是结伴而行。不要在怨恨、悲伤和痛苦中耗尽自己的一生。如果有一天你已经习惯于接受伤害,那么不妨静下心来想想到底是什么给我们带来了伤害。你会发现一切并不像你原来想象的那么糟糕,生活并没有将你抛弃。即便你的生活中遭遇父母离异,或是父亲嗜酒成性,抑或是意外的变故,也不要被伤害和挫折任意摆布,最终成为牺牲者。

特雷莎修女曾经说过：最难以忍受的痛苦是孤独和被遗弃的感觉，以及认为自己一无是处。这些想法只会给自己带来伤痛。

即便残酷的现实给你带来了巨大的痛苦，你也一定要以百倍的信心和勇气去超越自我，展望未来。我们虽然期待有人来治愈心中的伤口，但是真正可以治愈伤口的却只有我们自己。请不要继续恶化伤口，敞开你的心扉吧，终有一天你会从伤痛中解脱出来，重获自由。

我人生的香气

旅行最重要的目的之一就是治愈伤口。在写作的过程中，我收到了很多读者的电子邮件。让我吃惊的是很多人感到现实生活很艰辛，甚至因此产生了自杀的想法。诗人安贞玉曾说："如果你失去了什么，或是陷入绝望，或是想自杀，请你先停下来，擦干眼泪，去机场吧。"如果没有钱的话，即使借钱，也要去一个距离有 10 个小时路程的国家，在路上你将会明白生命的可贵。自杀是一种极不负责的行为，因为它将伤害最爱你的人以及你自己的心。

这个世界上最香的香水原液提取于巴尔干山脉中

开放的玫瑰花。但是生产者说巴尔干山脉的玫瑰花要在最冷最黑暗的子时采摘，因为只有在这个时候才能提取到最香纯的原料。我们知道，一天中最黑暗的时刻正是日出之前。当你被生活的艰辛压得无法喘息，想放弃一切的时候，你要告诉自己此刻正是人生中最珍贵的香气散发的瞬间。现在是日出之前最黑暗的时刻，苦痛和绝望马上就要过去，新的太阳即将升起，一切都将迎刃而解——应该这样安慰自己挺过这个瞬间。从前认为无论如何也无法抹去的伤口，日后会渐渐模糊，甚至连伤疤也一起慢慢消失了。

现在全世界都在关注心灵治疗（healing），因此人们对于冥想的关心度也有所提高。为了生活得更加幸福和安宁，你应该试着冥想。每天用片刻的时间闭上眼睛，回顾过去，畅想未来……

在这次旅行途中，让我们通过独立思考来净化灵魂吧！让我们试着在清晨或是傍晚，在房间里闭上眼睛，集中精力感受自己的呼吸，从而忘却伤痛。不知不觉中你会感到心中升起一丝静谧安详之感。

真心地希望你在这次为了自己而出发的旅途中，抚平伤口，重获新生。

Princess Life
& Travel Tips

* **作为旅行者的权利**

    享受自由的权利,偷懒的权利,不受打扰的权利
    享受穿比基尼的权利,独自旅行的权利
    享受尽情想象和做梦的权利,不用掩饰的权利
    享受遵循内心最深处的指示旅行的权利

    您是一位拥有以上所有特权的旅行者。

* **作为旅行者的义务**

    理解旅游国家文化的义务,遵守该国法律的义务
    照顾好自己身体的义务,摆脱恐惧的义务
    宽容的义务,在旅程中不断学习的义务
    尊重他人的义务,知道自己该何时离开的义务

    这就是旅行者享受权利之前应该履行的义务

Princess's Wise Saying

痛苦之所以荡然无存
是因为不再心存怨恨

痊愈并不代表伤口不存在了,而是指伤口已经无法再影响我们的人生。**(卡尔·拉森)**

被关上的心灵之门只有从里面才能打开。**(罗伯特·J. 符瑞)**

放下沉重的包袱吧。在轻松的状态之下事情才可以做好。而你也可以承担起这个世界的全部。**(奥修)**

罪恶之感也好,悲惨凄凉之情也罢,辗转反复的烦恼都留给别人吧。**(简·奥斯汀)**

当你全身心地漫步,感受着脚底下那一片大地的时候;当你和朋友喝着一杯淡茶,深深地体会着这份友情的时候,你是在为自己疗伤。治疗的效果甚至可以扩大到整个世界。受的伤越深,我们治愈伤痛的本领就越强。从那些过去的伤痛中我们学会用心去体会去洞察一切,进而帮助我们的朋友和这个世界。**(释一行)**

这是多么悲伤的事情啊,对自己丧失诚信这等事都觉得无所谓,草草了之,但是却为丢了 5 美元捶胸顿足……(**索伦·克尔凯郭尔**)

竹子是空心的,节节相连,因此竹子能够茁壮成长。现在的磨练是为了塑造一个个竹节,更是为了能更好地成长,所以请像竹子一样净化自己的心灵。(**成哲僧人**)

不要害怕哭泣,泪水可以清洗心灵上的创口。(**印第安霍皮族**)

我们每个人都在经历着痛苦与悲伤。悲伤教会了我们成长。希望你能在悲伤中找到治愈伤口的力量。(**米奇·艾尔邦**)

有一句话一定要对你说。现在不是流行 healing（治愈）吗？它并不是要治愈伤口，而是要通过它开始获得自由。**（村上龙）**

谁都无法说出过去的你和现在的你之间有什么关联，谁都无法说清楚地狱般的郁闷和孤独的感受。**（斯蒂芬·金）**

只要你下定决心不再接受伤害，那么谁也无法伤害到你。**（甘地）**

当以自我为中心的时候，我们会觉得内心空虚，迫切地渴望有谁可以来填补。当命运中的他出现，对他赋予全部的爱时，我们的伤口也将被治愈。**（卡西）**

无论用什么办法，发现自己的不足并且承认它的存在，这是很需要勇气的。**（胡佛）**

如果遇到什么事情让你伤心痛苦，请这样想吧：现在发生的事情以后还会发生，不只我一个人，别人也会经历这些。或者这样想吧：这种事情今天不是第一次发生，以前也发生过，只不过是忘记了或者没在意。

请把这些事情作为人生的一次磨练，勇敢地面对吧。钢铁就是这样炼成的，越在熊熊烈火之中燃烧就越发坚韧。经过现在的洗礼你将会变得更加坚强。**（奥古斯丁）**

彼此治愈伤口最好的办法就是相互倾听。**（蕾贝卡·鲍尔茨）**

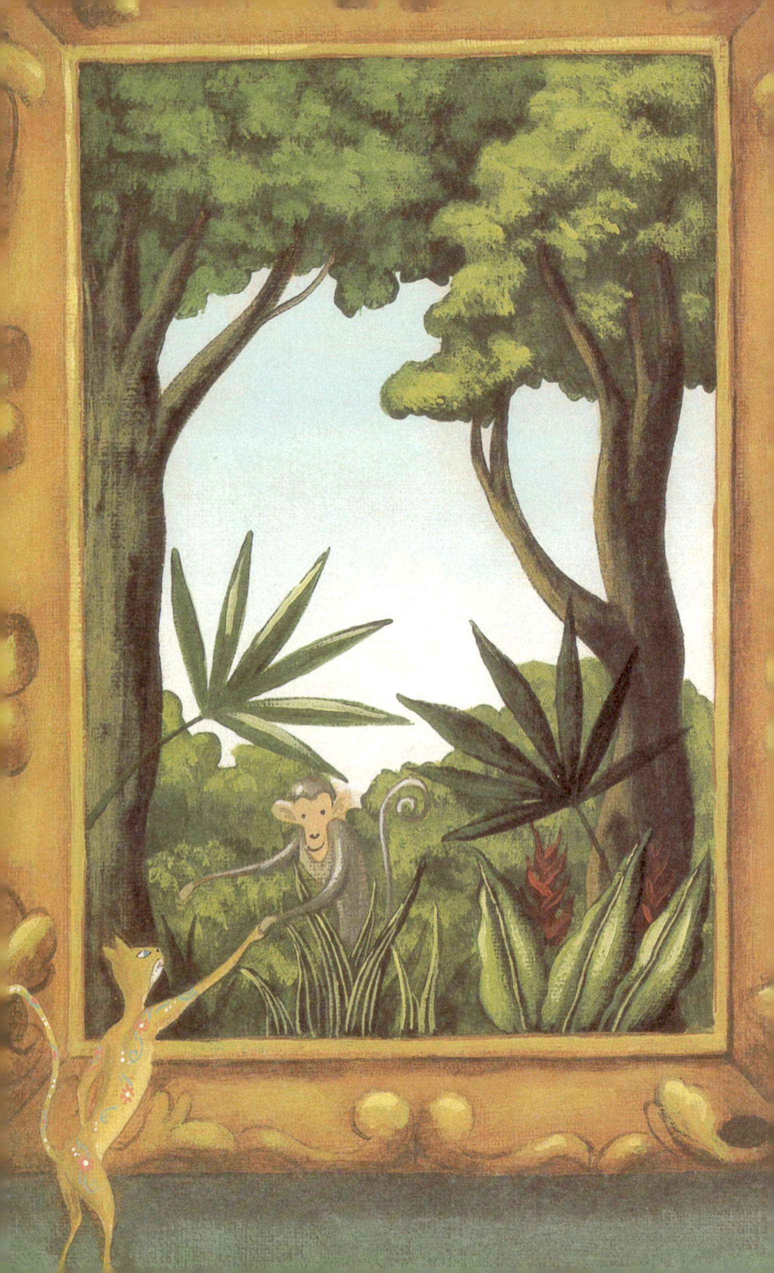

Invitation

欣然接受世界的邀请

生活不要太过拘谨

在天国,已经过世的人每年都聚在一起,开一次全体会议。那时候最幽默的一句话是:"我活着的时候太拘谨了。"现在我们所苦闷所担心的事情,当我们到天国的时候再去回顾,会觉得是多么可笑啊。

我们生活得如此艰难,每日为生存忙碌,要做的事永远没有尽头。每天面对的事情复杂如麻,新的信息铺天盖地,甚至与人交往的时候,还要去察言观色,一切都让人觉得身心俱疲。

为什么我们不按照自己的想法去做事,喜欢就说喜欢,讨厌就说讨厌,底气十足地说话,率真地生活。有时候面对复杂的情况,会有很多想法缠绕在心头,这时候我会想为什么不让生活来得更简单一些。明天的人生是不可知的,也许我的人生会被他人改变,也许在不知不觉中我也会改变他人的人生。面对正在改变的，抑或是已经改变了的人生，为什么不活得更洒脱一些？

踏上旅途，让我们尽情地享受没有烦恼的欢乐吧！

在旅途中，我们常常会接到来自陌生地方的邀请。"我不熟悉这个"、"这不是我喜欢的"、"这样怎么成"……千万不要这样计较，让我们简单率性地一起沉醉于当地的文化吧。很多游客为了省钱，只吃快餐汉堡，这是最不明智的旅行。人生中不知道是否还有这样的机会，比起省钱，尝尝这个国家的饮食，享受这个国家的文化是更为有益的投资。一部分韩国游客在外国寻找韩国料理，远渡重洋来到异国，只是吃很贵的本国料理，想想都觉得可笑。试着去品尝当地饮食的美妙之处吧，不要先入为主地断定它们不合胃口。我最初也不喜欢越南、泰国和印度的饮食，但现在会特意去品尝这些料理。要想成为真正的国际主义者，就要亲身去体验异域的文化。

接受陌生文化的邀请

到达印度尼西亚的那天，一位印尼朋友到机场接我，出机场后我们第一件事就是去找吃的东西。朋友问我想吃什么，我说想按照印尼人的饮食习惯用手抓饭吃。

半夜里只有那些破旧的路边摊还在营业，走进屋里，有些人一边弹吉他一边唱歌（这些人靠去路边饭店卖艺为生），有些人刚刚结束工作来这里喝酒，热闹非凡。

我很希望自己能尽快融入当地的文化。光脚走路的服务生端来一碗酸橙汁，我们一行五人，可是只够装四杯。我把其中一杯给了印尼的朋友，并跟同来的韩国朋友惠贞用韩语说："这杯我们一起喝吧。"为了缓和尴尬的气氛，显示我完全接受这个国家文化的决心，我将那只盛满酸橙汁的漂亮大碗端起来，"咕咚咕咚"地喝了几大口，然后"嘻嘻"地笑起来。这时候周围的吉他声突然停止，上菜的服务生和眼前的印尼朋友都傻了眼。

呵呵，跟我以前在电视上看到的那些荒唐的举动一样，原来我喝的是洗手水。偷偷地环顾四周，我看到服务生正在用一模一样的碗在一个盛满脏水的大桶里舀水。酸橙汁留给我的回忆一辈子都不会忘记。

去东南亚旅行过的人大概都知道这么一句话：绝对不可以喝生水。东南亚国家的水质很差，人们只能喝买来的矿泉水。甚至很多人连刷牙也用矿泉水。不管怎样，由于事发突然，我的那些朋友都十分吃惊和无奈，愣了半天，好久都没有说出一句话来。我呢，则是强压住胃里翻涌的呕吐感，强作笑颜。

在印度尼西亚停留期间，每次跟朋友和家人一起吃饭的时候，他们都会开我的玩笑，问我想不想来一碗酸橙汁。大部分喝错水的人都会因为腹泻而遭罪，我则幸免于难。这么多年最让我庆幸的是，无论去哪个国家都没受苦。坐几十个小时的车，从来没有晕过车；喝了受污染的水也安然无恙。

是的，这不就是简单的生活吗？没有必要处处斤斤计较，让生活中碰到的各种状况顺其自然吧。今后，我还会愉快地接受陌生文化的邀请，即便闹点小笑话也不在乎。

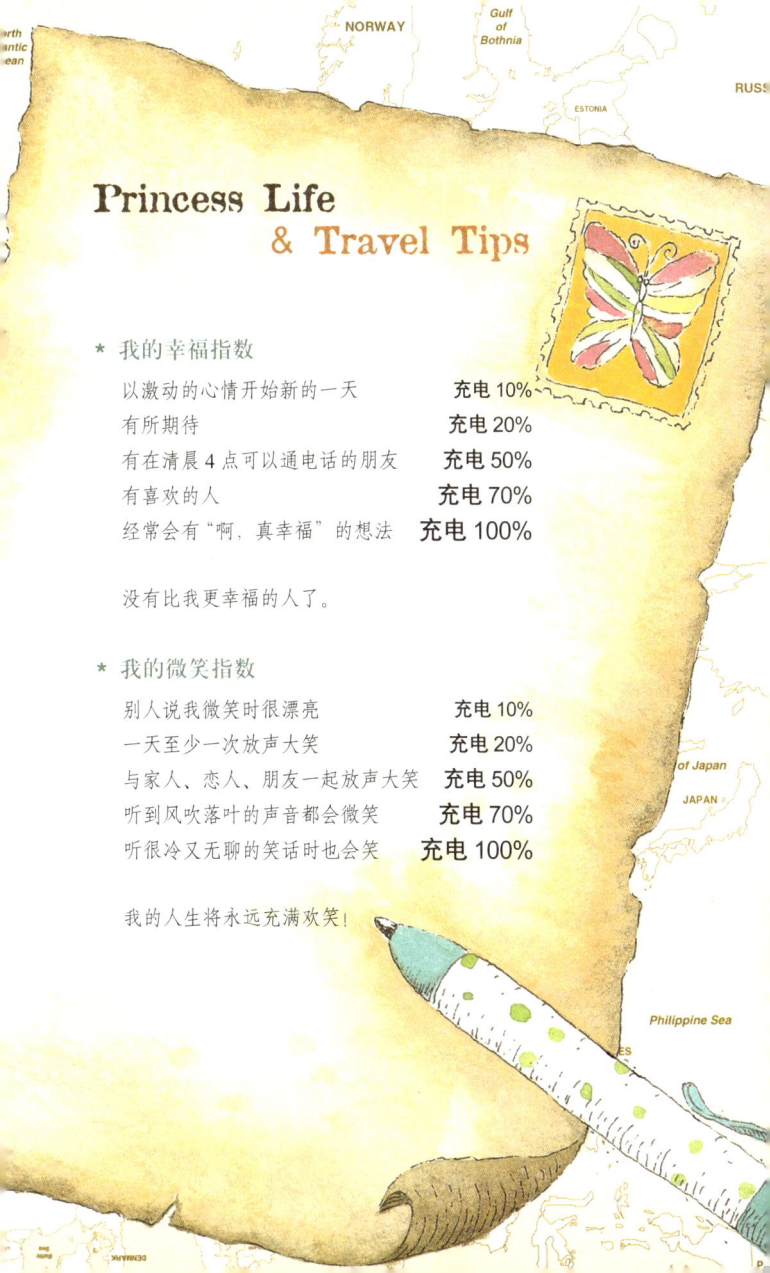

Princess Life
& Travel Tips

* 我的幸福指数

    以激动的心情开始新的一天　　　　**充电 10%**
    有所期待　　　　　　　　　　　　**充电 20%**
    有在清晨 4 点可以通电话的朋友　　**充电 50%**
    有喜欢的人　　　　　　　　　　　**充电 70%**
    经常会有"啊，真幸福"的想法　　　**充电 100%**

    没有比我更幸福的人了。

* 我的微笑指数

    别人说我微笑时很漂亮　　　　　　**充电 10%**
    一天至少一次放声大笑　　　　　　**充电 20%**
    与家人、恋人、朋友一起放声大笑　**充电 50%**
    听到风吹落叶的声音都会微笑　　　**充电 70%**
    听很冷又无聊的笑话时也会笑　　　**充电 100%**

    我的人生将永远充满欢笑！

Princess's Wise Saying

我想找一个陌生的地方
充实快乐地度过每一天

请简单一些吧！只有这样你才有闲暇去感受那些之前一直被你漠视的，无法用金钱买到的，给你的人生带来全新意义的东西。**（劳尔夫·鲍茨）**

虽然有人梦想着完美，但完美本身犹如死亡，毫无价值。完美不就是意味着毫无变化，没有色彩吗？具有完美的同时你也失去了个性。**（皮特·优司提诺夫）**

别把什么事情都看得太沉重了，变得沉重并非接近真实。**（村上春树）**

人生就像一场戏剧，优秀的演员可以成为乞丐，三流演员也可以扮演贵族，总之不要把人生看得太沉重，凡事尽力而为就足够了。**（福泽渝吉）**

生活真正的答案往往简单明了；为什么我们要活得那么复杂和辛苦呢？**（PEPE 神父）**

这也不对，那也不对，其实长时间的斟酌对问题的解决毫无益处。无论何事，比起犹豫不决来说，在时机尚未成熟时就开始着手去做才是更好的选择。（西方格言）

每当该回答"不是"的时候，很多人因为畏惧要发生的状况而勉强回答了"是"。想要活得简单就要堂堂正正地回答"不是"。（J. 杰贝雷特）

人生教导我要活得单纯，活得简单。（艾德·贝格利）

完美主义者，以至无法写完全诗；会对画中的线条一改再改，把画涂抹得面目全非；忙于修改剧本的第一章，以至无法顺利地进行下一章的写作。完美主义者会看着观众的眼色写作或者画画。完美主义者不会享受工作的过程而是一味在权衡结果。他能走到哪里去呢？他什么地方也去不了。（茱莉亚·凯美伦）

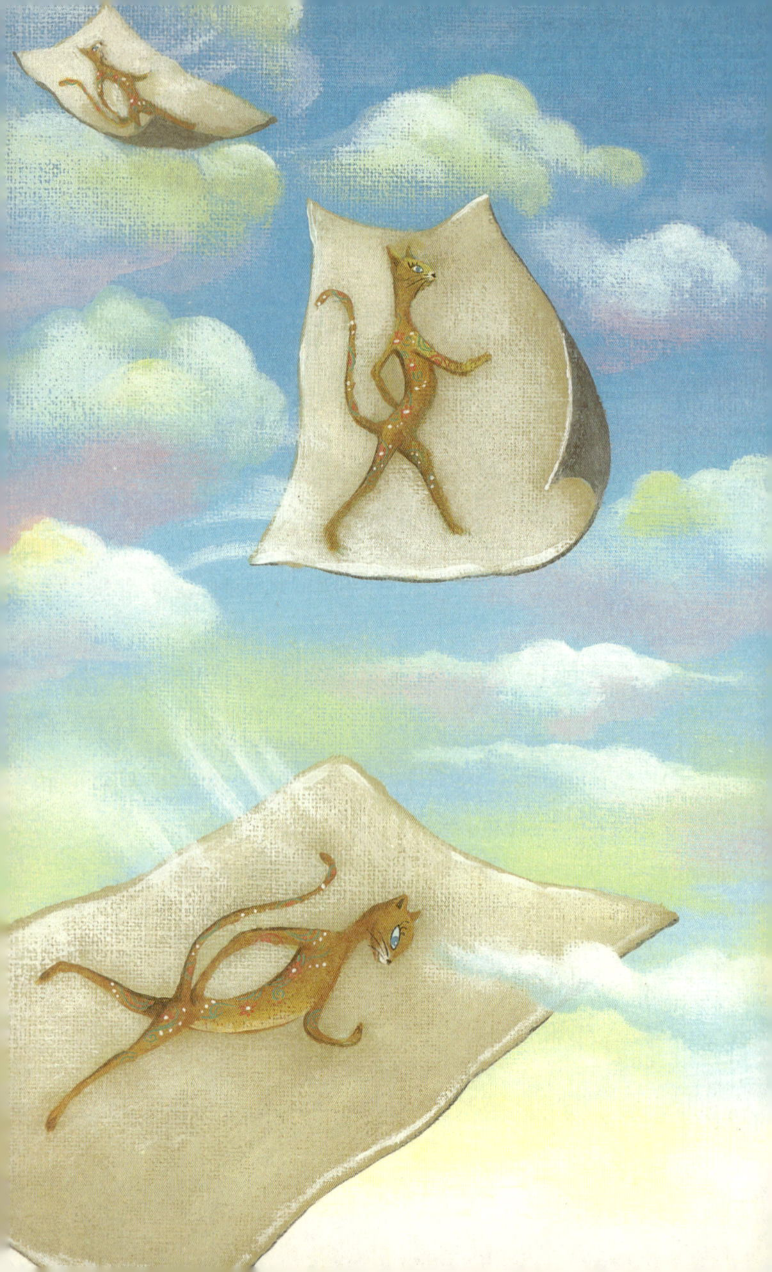

Journey

在幸福快乐中享受旅行

唯一不能重复的是时间

在古巴旅行，途经某地，那里正在举行庆典活动，我被人拉了进去一起跳舞。古巴人在酒足饭饱之后，身子会随着音乐情不自禁地舞动起来。在某种程度上，我似乎已经熟悉了这种文化，身体僵硬的我竟也跟着一起扭动起来。我被古巴音乐深深吸引，忘情地跳了好久。忽然想起应该去赶火车了，于是赶紧停止舞步，准备去拿行李离开这里。可是我突然对自己的行为感到奇怪："我为什么要停下舞步呢？此时此刻我是多么开心，为什么要舍弃这样的开心而被某种东西所束缚呢？"于是我又放下行李，再度投入到庆典中。周围的景色全被染成了棕色，我就像进入了电影中的某个片段一样在广场上热情地舞蹈。我陶醉于这种氛围，在尽情享受之后乘上了晚间的列车。只是晚了几个小时而已，去目的地的计划并没有改变，而我却收获了一份快乐的礼物。

更幸运的是，在这趟晚些的列车上我遇到了珍贵的朋友。

在这列火车上，我被安插在一个六口之家的车厢里。即使不跟他们在一起也已经够热的了，我想这回可要受罪了，甚至开始后悔错过了该坐的火车。我想睡觉或许会好些，于是闭上了眼睛。但是有个十一二岁的小男孩总爱找我搭话，奇怪的是这个小家伙说话的时候，总是伴有手语。

我不明白这个孩子为什么会这样，便开始观察他的家人。他所有的家人也一样，一边说话一边打着手语。再仔细看这个小孩，我才发现他耳朵上戴着助听器。为了这个有听觉障碍的小孩子，全家人都使用手语。父母使用手语也就罢了，那几位看上去还不到 10 岁的孩子们也用他们蕨菜似的小手向哥哥费力地比划着说话。他们的样子真是太可爱了。孩子们在吃饭的时候，在把叉子放下前，一直伴有手语。即便在开玩笑的时候，手语也没有停止。他们用这种方式照顾着哥哥，不让哥哥有被疏离的感觉。全家人这种十分自然的举动，看上去真的很美好，这个在全家人的爱中成长的小孩真是幸福。

想到这些,我心中涌起一股暖流。

不知不觉中我也加入了他们的对话,接着玩起牌来(我让最小的孩子克雷斯给我做手语翻译,他用那蕨菜似的小手慢慢地、认真地翻译,此刻我真的好想念他),这段经历给我留下了美好而珍贵的回忆。

我非常喜欢坐火车旅行。毫无计划地乘火车去旅行恐怕是每个人都想尝试的,也是最可能实现的旅行。看着窗外流逝的风景,可以陷入沉思,也可以收获像邂逅克雷斯一家人那样珍贵而特别的相遇。虽然新的相遇在哪里都有可能,但火车里的相遇总有些特别。因为坐火车的人心中都期待旅行能带上一些传奇色彩,他们会产生这样的想法:"我正离开这里,驶向一个未知的世界。"

不管怎么样,如果在古巴广场停止跳舞而去赶火车的话,我绝对不可能遇到克雷斯一家,更不会收获如此感动的瞬间。

我终于明白:能够拥有"现在",我就很幸福。

小时候习惯说"能考上大学的话……",成为大学生后习惯说"找到工作的话……",之后就会说"结婚的话……""生活压力有所缓解的话……",就这样一直向前看,却放弃了"现在"。

但当岁月流逝后再回顾往昔,心中只会泛起无尽的遗憾,一切都已经过去,醒悟的同时也开始后悔。

加拿大的文学家里柯克曾说过,"人生存在于你所经历的生活中,每天每时每分每秒的生活都是人生。"

看看窗外吧,外面的世界风和日丽、生机盎然,而我们正有幸生活在其中。无论哪一个瞬间都有可能成为永恒。停下你匆忙的脚步,闻闻路边的花香,听听路边某个商店里传出来的音乐。去倾听、去感受这世间的万事万物,你将会有意想不到的收获。

让我们尽情去享受生命中的每一分每一秒吧,去享受这永不会重来的每个瞬间。

旅行是人生最好的导师,它教会我什么才是真正的幸福。

Princess Life
& Travel Tips

* **旅行者资质认证**

    以下问题中如果有五个以上肯定的答案,那么你是一个喜欢旅行的人,也是一个具有国际主义潜质的人。

    1. 偶尔会突然想一个人去旅行。
    2. 经常在书店的旅行专栏处徘徊,并且喜欢看旅行随笔。
    3. 在个人网页的相册中有旅行文件夹。
    4. 对于在海外拍摄的电影感兴趣。
    5. 正在为了旅行而攒钱。
    6. 正在积攒机票积分。
    7. 正在学习外语。
    8. 特意去品尝泰国、越南、印度等外国料理。
    9. 经常跟朋友说想去旅行。
    10. 认为投资旅行不是件奢侈的事情。
    11. 经常翻看旅行时拍的照片,怀念旅行时光。
    12. 只要在电视或书上看到以前曾经去过的国家,就会感到激动和兴奋。
    13. 希望与家人一起去海外旅行。
    14. 现在想体验一下独自旅行。
    15. 梦想在旅行中有意外的邂逅。

Princess's Wise Saying

不用等什么时候最适合
从这一刻开始享受吧

看看那美丽的天空,把它深深地印在脑海里吧,也许再也没有机会看到这样的天空了。**(珍娜·霍金斯,劳拉·布什的母亲)**

如果无法享受洗碗的快乐,一心只想着快点结束去吃甜点的话,那么你吃甜点的时候也不会快乐,因为你可能手里拿着叉子心里却忙着计划接下来该做什么,这样是无法品尝出甜点真正的味道的。就这样,你一心计划未来却错过了眼前的快乐。**(释一行)**

人是为了活得幸福而来到这个世界上。不是从明天开始幸福生活,而是从这一瞬间开始。瞬间相连变成了永恒。**(叔本华)**

为何有人到哪里都活得那么从容呢?因为每天都可能是人生中的最后一天。失去的时间将永远逝去。为何有人对自己应做的事情不竭尽全力,而总是日复一日呢?**(缪勒)**

活着的时候无论谁都无法脱离这个世界,所以这一瞬间就是我们活着、学习、关心、分享、祝福,还有去爱的时刻。**(里奥·巴士卡力)**

叔叔,我发现快乐的秘诀了。那就是活在现在。不要悔恨过去,也不要期待未来,而是在现在这一刻做最棒的自己。(简·韦伯斯特:《长腿叔叔》)

每天像登山一样地活着吧,慢慢地,坚持不懈地攀登,还要记得欣赏每一瞬间擦肩而过的景色。你终究会在某个瞬间发现自己已经屹立于山顶,也就是在那一刻,你将感受到人生旅程中最大的快乐。**(迈尔切特)**

真正的幸福并非遥不可及,其实它就在你的眼前。但令人惋惜的是人们常常忽视这一刻的幸福。每天的生活就像爬山,偶尔望望山顶将使你时刻记着自己的目标;每一个新的视角都能看到许多别样的风景;慢慢往上爬,享受攀登过程中的每一分钟。只有这样,到达山顶时你看到的才是整个旅程中最美的风景。**(弗朗索瓦·勒洛尔)**

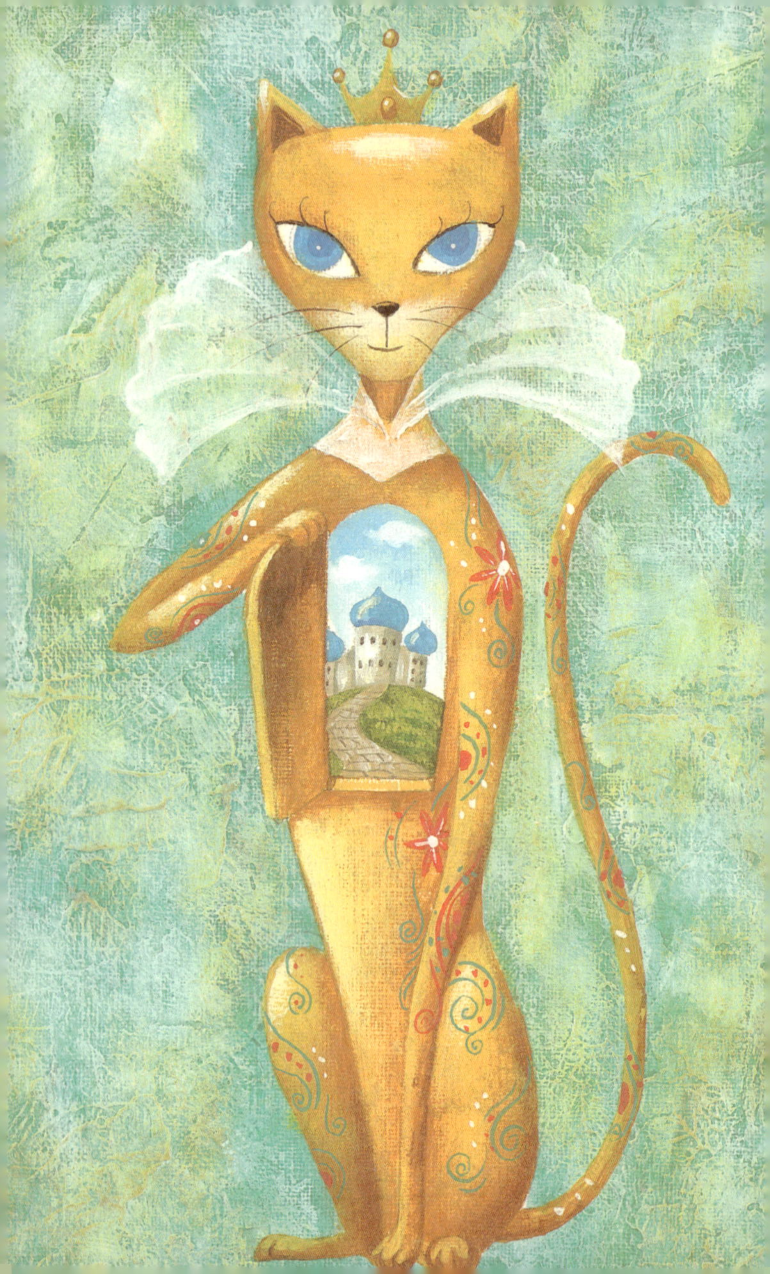

建造只属于自己的快乐王国

有我在的地方就是乐园

细数人们做的最愚蠢的事情,有如下几件:

为了拼命赚钱失去了健康,继而为了恢复健康花掉了所有赚来的钱;

感到自己被爱束缚很可怜,而获得自由后却由于没有人来约束自己,又感到可怜了;

总是说只要拿到这个资格证后,就怎么怎么样,总是说考试一结束,我就去读喜欢的书,可是当一切真的结束后却什么都不想做了;

一辈子紧紧攥着赚来的钱,从不舍得为自己花上一分,就这样直到死去;

享受幸福的时刻是现在这一瞬间,但却有人想把幸福储存起来然后一次花掉。

这是多么简单的道理啊,不幸常常是由于感到不满足，而幸福常常是由于知足。幸福是与生俱来的一种习惯，把这种叫做幸福的习惯积累到一定程度，就会创造出只属于自己的快乐王国。今天就让我们来创造那个只属于自己的美丽而又幸福的王国吧！不要用相机而用你的眼睛和心灵去拍摄整个世界——绿色的树叶，牵着妈妈的手蹒跚学步的小孩，刚刚结束一天的生意要收工的老奶奶……不要记在你的相片册中，试着记在你的心里。

偶尔疲惫的时候，闭上眼睛，心中收藏的照片就会一张张浮现出来，让你想起那时那刻的场景。这些记在心里的场景将伴你一生，一辈子都不会忘记。

有一次我拿着一个假期打工赚的钱，跟朋友一起去斐济旅行。我们住在便宜的汽车旅馆中，甚至每顿饭都用拉面来对付，但是既然来到了这里就一定要坐一下能够游览这个美丽岛屿的"克鲁兹"船。登上甲板的时候我感到异常的兴奋，为了记录每一个瞬间，我一刻也没有放下手中的照相机。我们不断地忙于摄影。

克鲁兹船上有各种各样的人，其中有一对从澳大利亚来的大约 50 岁的夫妇。我跟他们攀谈起来，得知他们来这里是为了庆祝结婚 30 周年纪念日。

我一边照相一边跟他们说："这个岛屿真是太美了，

不照几张吗？我给你们照几张吧。"他们慈祥地笑着回答："没关系，我们都记在心里了。"他们说得是那么地自然，可这句话却久久地在我心中挥之不去……

恍然间我明白了一个道理：是啊，重要的是旅行这一刻，而不是从早到晚不停地拍摄。虽说为了今后留念摄影很重要，但是在所有事情中，旅行时收获的感动才是最重要的。所以我收起了照相机，像那对夫妇那样开始用心记录风景。

离开镜头，呈现在我眼前的世界开始变得不同。我看到大约80岁的一对夫妇，他们手牵着手并肩坐在椅子上欣赏风景；看到斐济原住民们热情地弹奏吉他；还看到约定白首偕老的新婚夫妇，满脸幸福的神情……

以前总是用相机记录旅游胜地或者觉得美丽的风景，神奇的是当我开始用眼睛和心灵记录的时候，这个世界呈现出异样的色彩。世界不再只是一个部分，而是作为一个整体呈现在我的眼前，整个世界就成为我的摄影对象。

我曾经听说在埃及有一位盲人摄影家，他是这个世界上唯一一位盲人摄影家。他说自己是用第六感在摄影，他拥有其他人看不到的灵魂的眼睛。他闭上眼睛用灵魂摄影,而我则睁开眼睛用灵魂来摄影。

　　从那之后,只有遇到真正想拍的场面或风景我才会用照相机拍摄(自己一个人旅行时,干脆连照相机都不带),旅行期间我用眼睛尽情地享受所有的风景。

　　我为自己的选择喝彩。

　　开心地欣赏呈现在眼前的世界。

　　像寻宝那样,去寻找世界早已为我准备好的幸福。

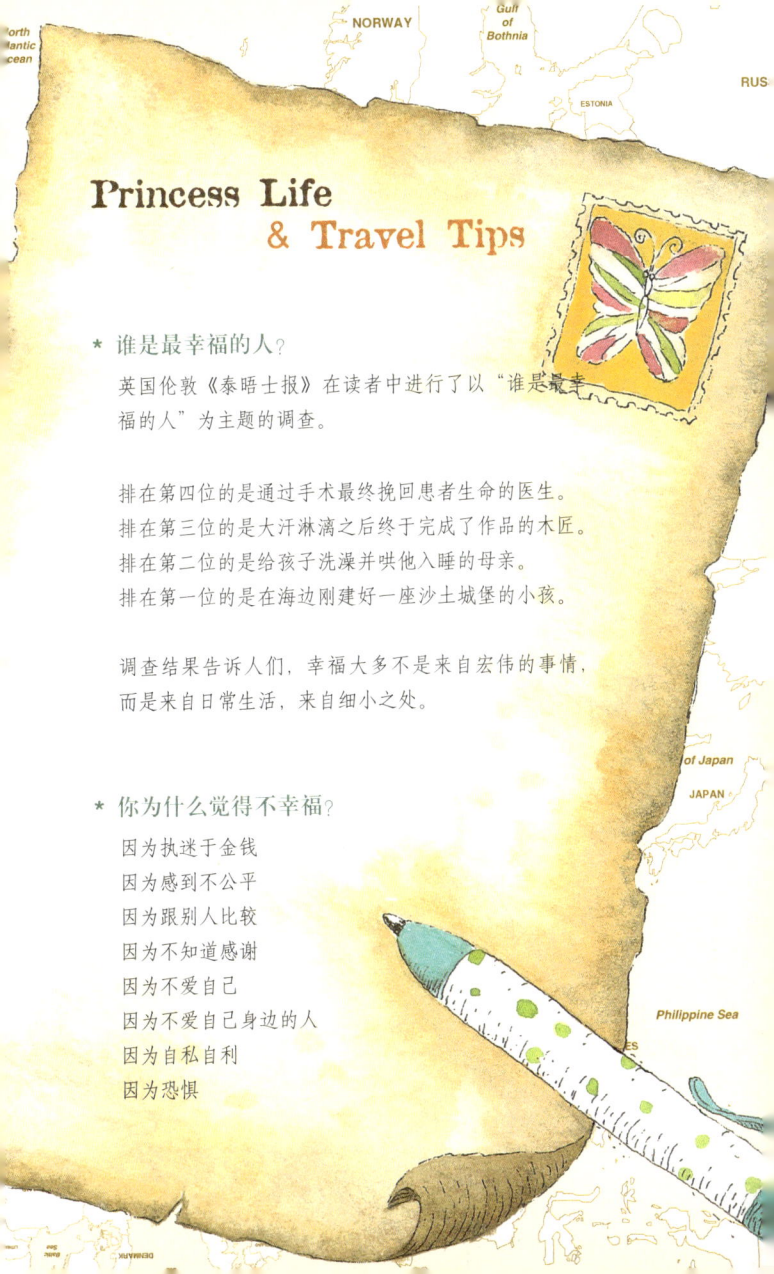

Princess Life & Travel Tips

* 谁是最幸福的人?

  英国伦敦《泰晤士报》在读者中进行了以"谁是最幸福的人"为主题的调查。

  排在第四位的是通过手术最终挽回患者生命的医生。
  排在第三位的是大汗淋漓之后终于完成了作品的木匠。
  排在第二位的是给孩子洗澡并哄他入睡的母亲。
  排在第一位的是在海边刚建好一座沙土城堡的小孩。

  调查结果告诉人们,幸福大多不是来自宏伟的事情,而是来自日常生活,来自细小之处。

* 你为什么觉得不幸福?

  因为执迷于金钱
  因为感到不公平
  因为跟别人比较
  因为不知道感谢
  因为不爱自己
  因为不爱自己身边的人
  因为自私自利
  因为恐惧

Princess's Wise Saying

**像郊游的孩子那样
享受人生吧**

人生是最美丽的童话。(**安徒生**)

人生有些时候是残酷的,但起码我们明白了它是充满诱惑和活力的。我要彻底地享受人生,即使一只耳朵听到的是叹息之声,另一只也总能听到歌声。(**奥凯西**)

努力去寻求幸福,把握幸福,这就是人生。(**托尔斯泰**)

活着真好,虽然有时候会抓狂、绝望、无比悲惨、痛不欲生,但现在经历过这一切的我仍然坚强地活着,我确信仅此一点就已足够伟大。(**克里斯蒂**)

我们的人生就像没有终点的旅行,这场旅行有时好、有时坏、有时满怀希望、有时险象环生,就这样一直辗转反复,永无止境。可这仍是一次愉快的旅行。(**纪尧姆·创巴里波切**)

人生的质量不是与我们来到这个世界的时间成正比，而是与我们享受到的快乐成正比。(H.D.梭罗)

活着，一边欣赏一边漫步……这一切的一切都是奇迹。我恍然顿悟，原来始于奇迹亦止于奇迹就是人生的方式。(阿图尔·鲁宾斯坦)

要在第一时间抓住快乐。由于准备，特别是愚蠢的准备而错过幸福的事例太多了。(简·奥斯汀)

让我们舒缓紧张的神经，保持理性，享受自然。幸福整天转来转去，现在它正从邻居的篱笆上悄悄地爬过来。(哈克·霍根，职业摔跤者)

从这一刻开始感受幸福吧。一杯浓浓的咖啡，一片烤得恰到好处的面包，麦浪翻滚的金色稻田，美丽的夕阳，赞美你的话语……不要为了寻找金条而为自己设定各种规则，这样会使自己疲惫不堪，会让生活索然无味。请开始为你眼前的小金沙而感到幸福吧。(马萨·梅里·马果)

用心去看，一切都会变得清晰，最重要的东西往往用肉眼看不见。(**圣埃克絮佩里：《小王子》**)

幸福没有隐藏，而是我们不曾用心去感受；幸福没有消失，而是我们不会欣赏。很多人就是这样错过了摆在自己眼前的属于自己的那份幸福。(**W. 费特**)

睁开心灵的眼睛，去体味人生路途上的一切。不要用成功与否来衡量你的幸福，去享受人生旅程的整个过程吧。那时幸福就是你的人生旅途。(**韦恩·W. 戴尔**)

比起滋养自己的心灵，人们更加关心如何获得财富。但我们要知道幸福并非是身外之物，它根植于我们的内心。(**叔本华**)

幸福源于懂得感悟生活，懂得自由简单的思考，懂得挑战生活，懂得成为别人需要的人的那种决心。(**詹姆斯**)

要拥有幸福首先要学会享受它。(**M.费赖尔**)

幸福有三种原则：第一，去做一些事情；第二，去爱别人；第三，对事情充满希望。(**康德**)

幸福不会无缘无故地降临在我们的身上。我们梦想过、失望过，再次重拾梦想的瞬间，说不定幸福已经向我们张开了双臂。当我们领悟到这一切的时候,我们将不再随风飘零。(**拉布吕耶尔**)

太阳升起的时候我从被窝里爬起来，幸福；我在马路上散步，幸福；我见到了父母，幸福；我穿过树林与山丘，幸福。徘徊于山谷，读书，放松；在院子里干活，摘水果，做家务……幸福像小尾巴一样总是跟着我。我明白了幸福不在设定的条条框框里，而是老老实实根植在我的身体里。(**罗素**)

Chapter III

高贵的公主是简单 S.I.M.P.L.E. 一族

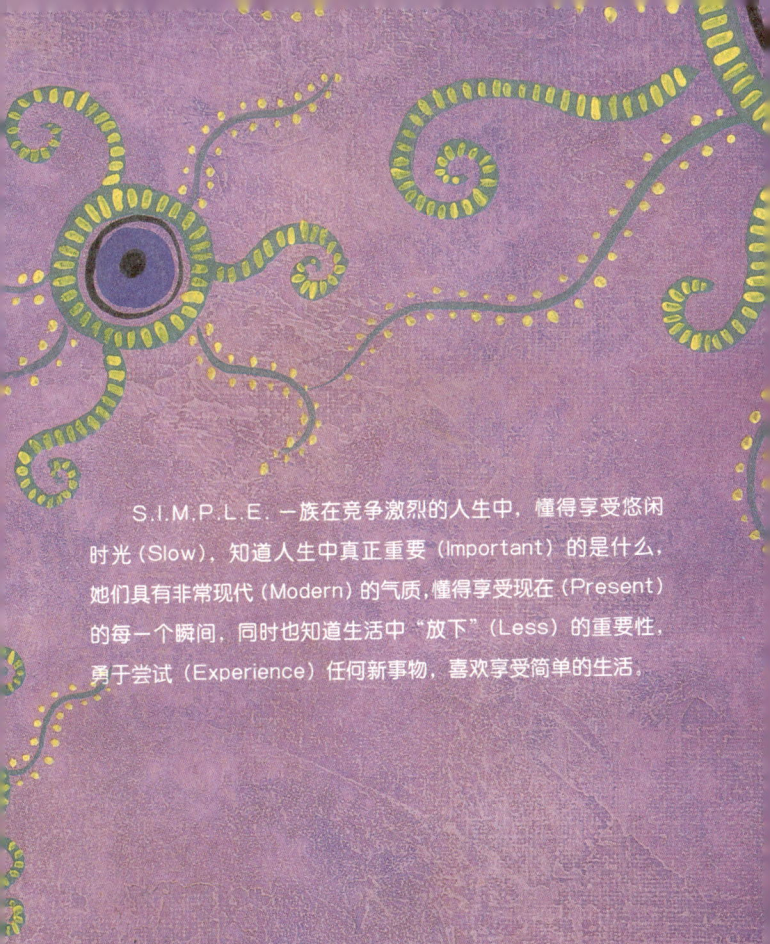

S.I.M.P.L.E.一族在竞争激烈的人生中,懂得享受悠闲时光(Slow),知道人生中真正重要(Important)的是什么,她们具有非常现代(Modern)的气质,懂得享受现在(Present)的每一个瞬间,同时也知道生活中"放下"(Less)的重要性,勇于尝试(Experience)任何新事物,喜欢享受简单的生活。

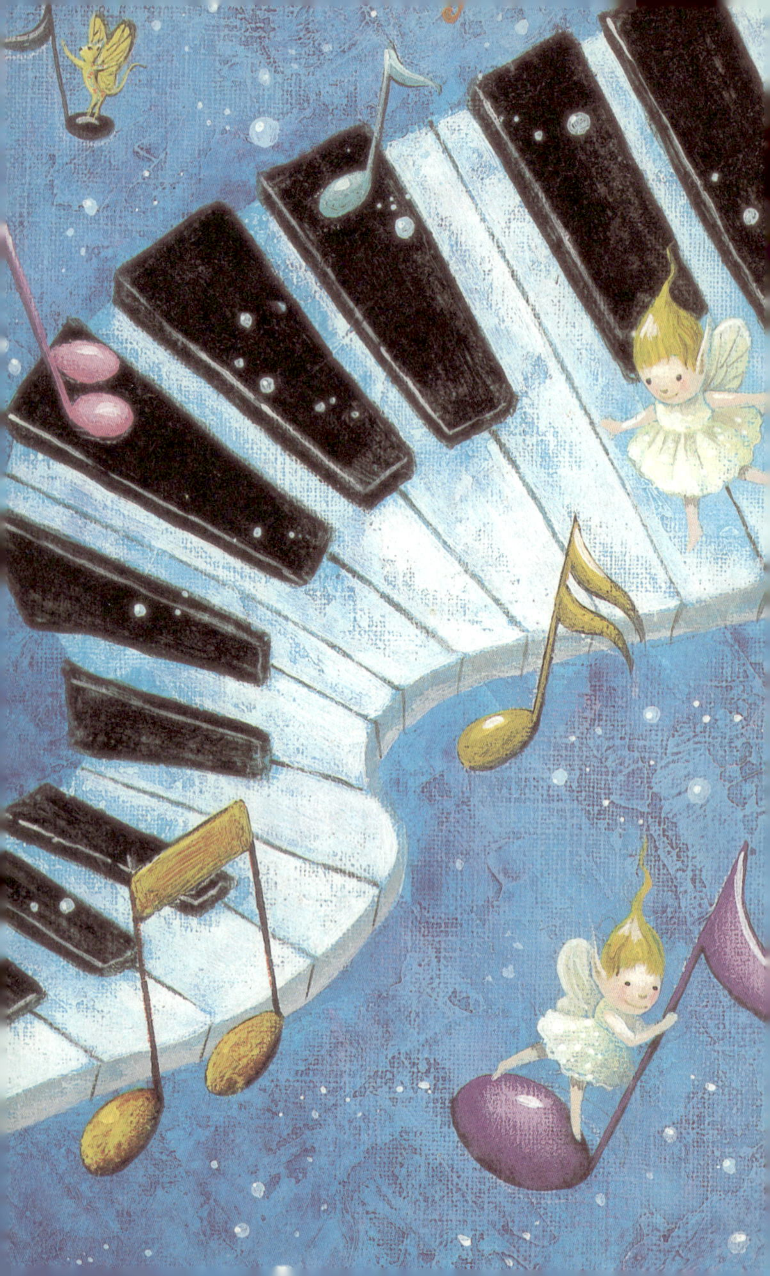

Let It Be

放手过去,展望未来

将痛苦撒向湖泊

失业,

倾家荡产,

信任的人背叛了自己,

被所爱的人抛弃……

男人觉得活着本身就是一种痛苦,他认为自己已经失去了人生所有的希望,决心结束痛苦的一生。他来到山上的一棵树下,挂上了绳子……

一直在一旁默默注视这一切的僧人对他说:"请你马上拿一杯水来!"他愣住了,不知道僧人为什么让自己这样做。他满脸疑惑地拿来一杯水递给僧人。僧人从包裹里拿出一把盐放在杯子里然后让他喝,他喝了一口,整张脸都皱了起来。

僧人问:"味道怎么样?"

"很咸。"

僧人又带他来到山下的一片湖水旁,然后又抓了一把盐放在他的手里,让他撒入湖中。然后僧人舀了一杯水让他喝:"味道怎么样?"

"很凉爽。"

"有盐的味道吗?"

"没有。"

僧人笑了:"你的人生中什么都没有丢失,他们不过是回到了原来的位置。人生的苦痛与纯净的盐一样,但是味道的咸淡会因碗的大小而不同。如果你正处在痛苦中,不要将痛苦放入杯中,请撒向湖泊吧,湖泊会冲淡你的痛苦,让你开始新的人生。"

我们曾经成百上千次为过去的苦痛而备受折磨。时光流逝,当有一天我们回顾那些曾以为永不会痊愈的伤口时,它们已经在不知不觉中和时间一起消失殆尽了。因此,不要为过去所累,更不要让苦痛磨灭你对生活的希望。

美国作家米勒曾说过,背负着过去的人犹如在脚上绑着铁球。囚徒不仅只指那些犯罪的人,那些被苦痛所束缚的人同样也是囚徒。我们能否理直气壮地说自己的人生毫无牵绊呢？回首过去，我们是不是曾经在自己脚上系上铁球，甚至给自己戴上枷锁？那样的生活是否痛苦？现实是否让我们绝望？我们又是否因为这一切而在寂静的午夜哀号？

学会放手

几年前，我和朋友都曾经非常痛苦。

朋友因为与相爱的人分手而痛苦，而我因为执迷于某件失败的事情而痛苦。我和朋友决定一起到美国地区去旅行——美国人冥想的时候都喜欢选择那里。据说那里有一种叫做 Vortex 的气体可以治愈心灵的创伤。

旅行开始了，车子在沙漠中飞驰，我们放声痛哭。

成年人很少哭，所以有太多的眼泪沉积在心里，而我们似乎要彻底清除这些沉积，不想再强忍泪水。

到达塞多纳后，我们住了下来。面对自己悲伤的感情，我和朋友都很茫然。

第二天我们准备去拉斯韦加斯。在出发前，我们去一家饭店吃早点。那是一家经常能在西部电影里看到的饭店，陈旧得仿佛已经有几百年历史，但是在那里你却能感到温暖的气息。

饭后,我们一边喝咖啡,一边欣赏塞多纳的风景,突然耳边传来了披头士的 *Let It Be*。

这首歌我曾经听了上百遍,但此时听来却格外感动,不知不觉泪流满面。

> When all the broken-hearted people
>
> living in the world agree,
>
> there will be an answer.
>
> Let it be.
>
> Let it be.
>
> Let it be.
>
> 世上所有心碎的人们,
>
> 都会得到一个答案。
>
> 让它去吧。
>
> 让它去吧。
>
> 让它去吧。

在不断反复的歌词中,我幡然醒悟。是的,我一直被过去所束缚,却忽视了现在,忽视了让我得以呼吸的精彩的现在。

曾经,我被周围的人的偏见所束缚,去附和着他们而生活,以致忘记了自己生活的初衷。此刻,我因过去的痛苦而悲伤……但现在所有这一切都已经过去了,我应该放手去拥抱现在……

保尔在悲伤困苦的日子中梦见了妈妈,妈妈这样告诉他:"就这么让它去吧。"于是从梦中醒来后,保尔跑到钢琴前,仅用了几个小时就完成了一首曲子,那就是 *Let It Be*。此刻听着这首歌,我的心仿佛飞翔在空中,变得轻松起来。

这一瞬间我明白了,很多时候生活会让我们感到沉重,对于已经无法挽回的事情,应该学会放手,只有这样你才能像羽毛那样,自由而轻盈地飞向蓝天。

Princess's Wise Saying

不要再因任何牵绊而备受折磨，现在就放手吧
不管是爱情，还是事业

如果有什么让你觉得不满，有什么让你疲惫不堪，那么，请勇敢地放手吧。因为只有在自由的时候，你才能找到具有真正创造力的自我。**（蒂娜·特纳）**

我喜欢冷静的头脑，因为它可以带给我清晰、平静、明快……我不喜欢丑陋的心灵，因为它会使我迷恋、固执、懒惰和悲哀。丑陋的心灵会让夜幕悄悄降临。**（江国香织）**

当你能够平心静气，放弃执拗的时候，喜悦就会油然而生，而此刻对于人生中每个平凡的瞬间，在心中亦会升起感激之情。**（电影《美国丽人》）**

旅行的好处在于，通过无数的过程，我们懂得了扔掉不必要的东西，从而精简行李的数量。**（洪恩泽：《骑车环游美国》）**

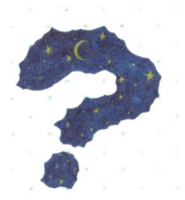

为学日益，为道日损，损之又损，以至于无为，无为而无不为。（**老子**）

如果放在心里会觉得难过，那么请微笑着放手吧！（**克里斯蒂娜·罗赛蒂**）

忘记过去，为自己创造新的历史吧，过去只会成为一种负担。（**保罗·科埃略**）

拆掉通向过去的桥梁吧，没了回旋的余地，就只能继续向前。（**南森，挪威探险家**）

如果不再执著，那么你将成为这个世界上最最富有的人。（**塞万提斯**）

忽然明白自己应该做什么事情了，这就是智慧。（**威廉·詹姆斯**）

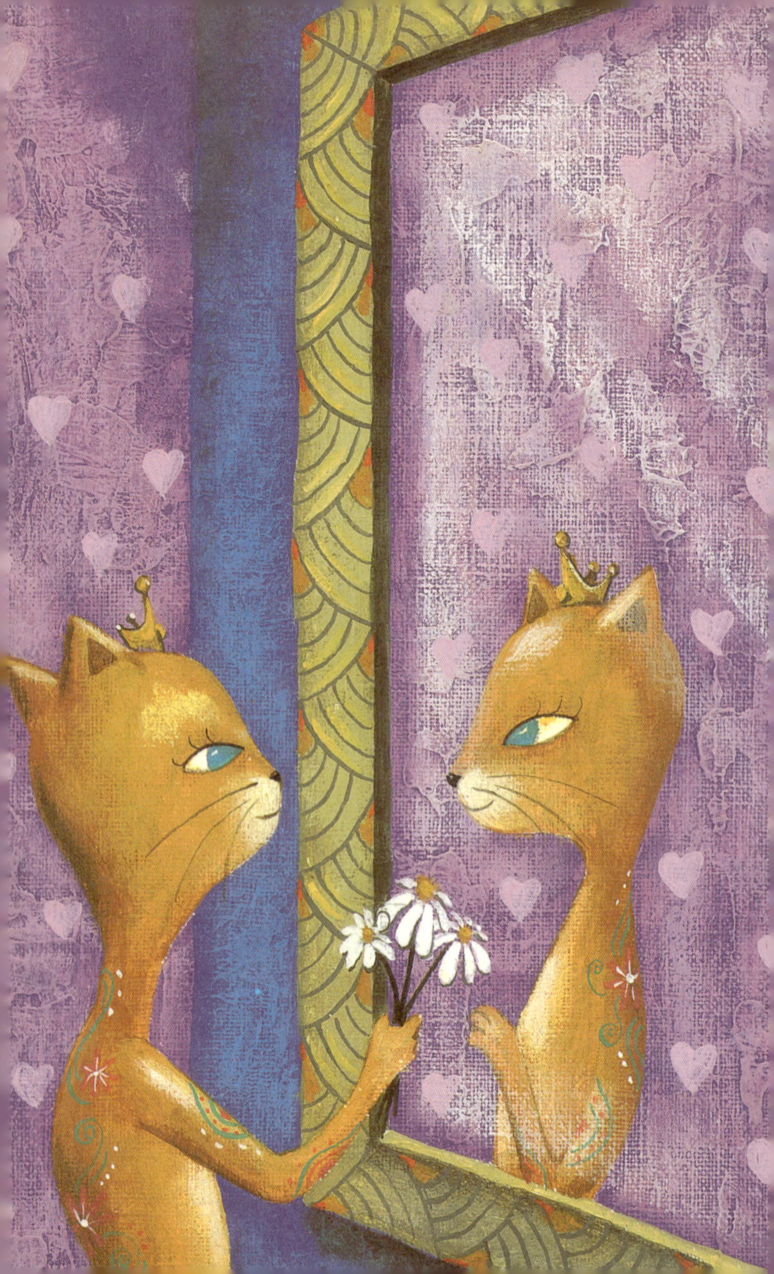

请珍爱本色的自己

魔咒就是你自己

在山丘上有一棵苹果树,从来没有人在意它,关心它。苹果树感到很失落。

"没有人喜欢我,我是个没用的家伙。"

苹果树开始讨厌所有的事,连给苹果输送养分都感到厌烦。于是,树渐渐枯萎。

有一天,一位游子在苹果树阴下休息。他饥肠辘辘,就摘了个苹果吃,并且又带了几个在路上吃。看着这位游子吃得如此津津有味,苹果树很开心:"也许我的果实非常甜美可口,人们只是还不知道我的价值罢了。是的,我完全具备被人爱的价值。"

于是苹果树开始关爱自己,逐渐变得自信起来。苹果树日益润泽,结出了让人垂涎欲滴的果实,也洒下一片凉爽的绿阴。

一段时间以后,苹果树下聚集了很多人——读书的人、睡懒觉的人、踢球的人等等,就这样苹果树得到了人们的关爱,成为这个小村庄一道美丽的风景。

"请珍爱自己吧!"每次听到这句话时我都感到很酷。学着跟自己恋爱吧,让我们尝试着自己一个人看电影,吃一顿奢侈的大餐,在特别的日子给自己买件礼物。

如果与自己一起度过的时间都无法快乐的话,那么与其他任何人一起就更无法找到快乐了。

经常有人把自爱与利己主义混为一谈,其实这两者完全不同。利己主义者并不是真正地爱自己,而是在憎恶自己。看上去似乎是为了自己,实际上是一种缺乏自信的表现。

如果不是自私自利,而是真正地爱自己,那么就可以说他已经收获了这个世界一半的幸福。

从现在起,不要抱怨自己拥有得太少,也不要埋怨自己的缺点太多,为了获得那一半的幸福,让我们一起努力。

你是否在寻找那个能让你成为特别的人的魔咒呢?

那魔咒就是你自己。

给自己买份礼物吧

今天在回家的路上我想给自己买一件特别的礼物。不需要很贵重,我只想给自己买一本书、一件小饰品,或一些花。如果是在旅途中的话,那么那个国家的传统木偶玩具,或是在海滩上发现的漂亮贝壳也都是很好的礼物。就当是"买给自己的第一件礼物"或是"顺利完成目标的纪念",给礼物赋予诸如此类的意义送给自己。

如果发现了从未见过的花,那就用自己的名字去命名吧,这样会另有一番情趣。捧着它,或者把它插在办公室里,会带来一天的好心情。这是为自己而选的花,拿着它的那一刻该是多么地开心和幸福。这种感觉,没有经历过的人是无法体会的。

我上大学时曾遇到这样一件事。

那是一个暑假,我去加拿大魁北克省旅行。虽然魁北克位于加拿大,但是那里不讲英语,所有居民都讲法语,城市本身也极具欧洲风格,是一座很美丽的城市,大街小巷遍布着各种漂亮的咖啡馆。

我的生日正好会在旅行途中度过。为了给自己买件可心的生日礼物,我转悠了好久。后来发现了一间叫做

"JULY"（7月）的漂亮花店，我走了进去。可能是因为在夏天出生的缘故，我特别喜欢夏天，因此这个叫"七月"的花店不知不觉吸引了我。

花店里只有一个大妈静静地坐在轮椅上，到底买哪种花好呢，花都很漂亮，我拿不定主意。于是，我问大妈："您最喜欢什么花？"她抬头看了我一眼，轻声说："薰衣草。"我说那就给我包一束吧。她开心地笑了，选了一束薰衣草，并精心地包装好，然后对我说："薰衣草的花语是'请回答我心之所想'。如果把它送给一个人，一定会从他那里得到你期盼的回答。"

我付了钱，从花店里走出来，忽然想："为什么不把这束花送给花店的大妈呢？"于是我转身走进花店，把花放在她的手上，"您是花店主人，但似乎没有机会收到花吧。"她一愣，随后绽放出灿烂的笑容。

离开魁北克的时候，我又路过了那家花店。从出租车里能够看到在花店的门上挂着一个盛满玫瑰的花篮，上面写着："It's for you！"我知道那是只有一面之缘的大妈送给我的花。虽然大妈坐在轮椅上给花浇水的身影在脑海中渐渐远去，但是她欣喜的笑容却变得越来越清晰。

没有什么比大妈那欣喜的笑容更好的答案了。

现在每当我闻到薰衣草的味道时,都会想起魁北克花店里的大妈。

Princess's Wise Saying

其实你是个很特别的人
只是你没察觉而已

持续一生的浪漫，这正是对自己的爱。（奥斯卡·王尔德）

常常带着一颗尊重自己的心去生活是很不容易的事情，我们了解这一点。然而包容自己，认清自己的价值，由此来增强自己的自信心，这始终要靠我们自己。（格温妮丝·帕特洛）

女人们，了解自身的价值吧。了解自己就是彰显自己的捷径。（缪西娅·比安奇·普拉达）

人一生中所珍藏的秘密就是，一个人如果连自己都照顾不好，他是无法真心实意地帮助别人的。（爱默生）

对自己微笑,这是人生在世要学习的一种很重要的能力。(凯瑟琳·曼斯菲尔德)

你认为自己是谁呢?超级明星?嗯,非常正确。所以我们每个人都无比耀眼,像太阳、星星、月亮一样闪闪发光。(约翰·列侬)

请你想象一下现在正在做的事情,将要完成梦想和即将收获果实的那一天。这些你都要珍惜。(福楼拜)

你对自己的看法远比别人对你的看法更重要。(塞·涅卡)

日复一日的生活形成了你。你会成家,而一个个的家庭又组成了社会。这样看来你的存在是绝对合理的,不存在反而成了荒谬之谈。(法正大师)

什么样的人是天才？相信自己的思想，相信自己的真实，相信所有人的真实，这样的人是天才。（爱迪生）

重要的是相信目前你正在回归真实的自我。（韦斯科特）

别人眼中的你与自己眼中的你相比，前者就不再重要了。（蒙田）

人们认为自己可以成就一些事情的时候，就会展现出非凡的力量。相信自己是成功的第一秘诀。（诺尔曼·文森特·皮尔）

事实上任何人都很清楚自己是这个世界上唯一并且特别的存在。在很平凡的机会下，彼此不同的人聚在一起就会成就惊人的事业。（尼采）

不要贬低自己,要知道到今天为止你靠自己实现了所有。(贾尼斯·乔普林)

看到自己平生第一次真心地微笑的时候,就是成长的时候。(拜丽摩尔)

如果没有你的同意,没有人可以让你感到自卑。(埃莉诺·罗斯福)

无论美丽还是丑陋,我都坦诚地接受本色的自我,还有什么比这更好呢?(纪伯伦)

人们如果能够接受本色的我就好了。(文森特·梵高)

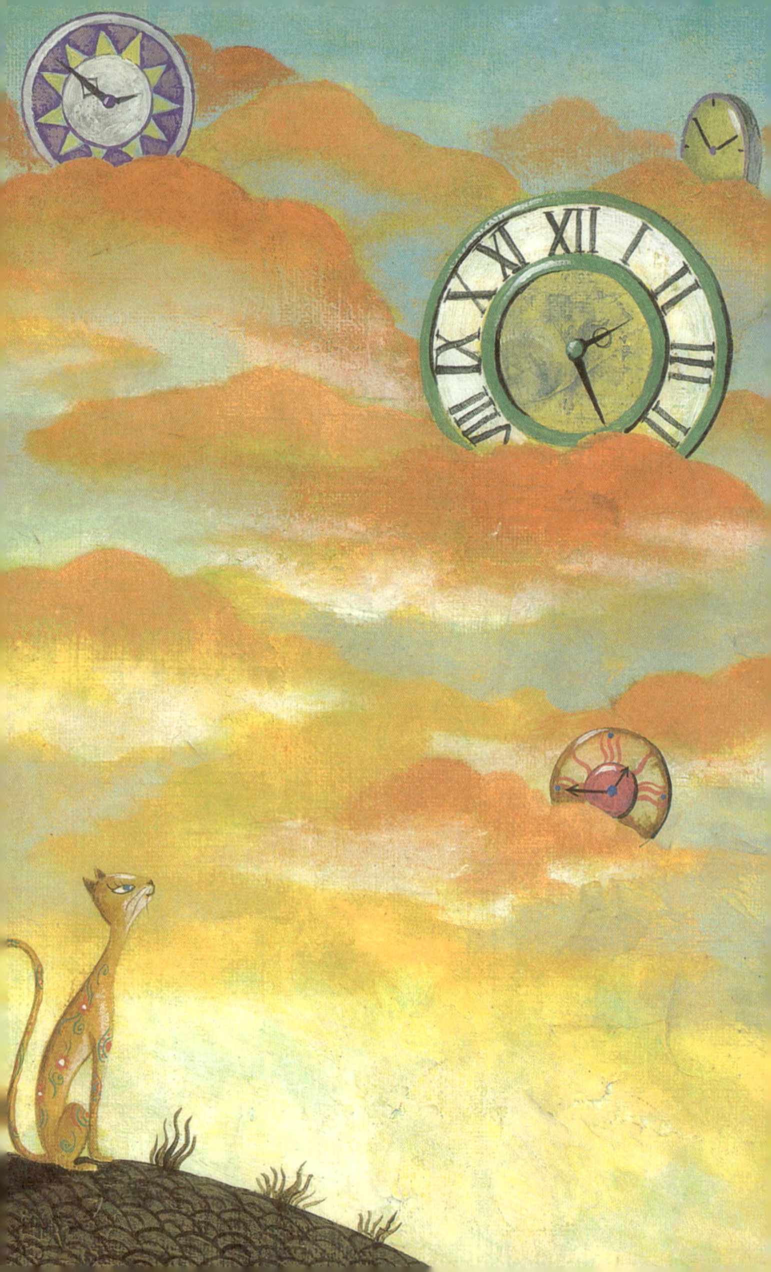

昨天是历史，明天是未知，
只有今天是礼物

热爱生命中的每一天

洗头发时，我为自己拥有一双可以洗头发的手而感激；跑步时，我为自己拥有一双可以跑步的腿而感激；环顾四周时，我为拥有一双可以饱览我与我爱的人一起生活的世界的眼睛，为我可以活在这个世上而感激。我真心地感谢和尽情地享受现在所拥有的一切。

最近忽然有这样的想法，我似乎并不是随着时间的流逝，一天、一周、一个月地生活，而是生活在吸气、呼气的每个瞬间。时间一分一秒地流逝，一秒前的时间现在也已经不再属于我，因此我要珍惜现在呼吸的这一瞬间。

我喜欢坐在密歇根湖边看书，可是每当太阳落山的时候，我就会感到很失落。当天色开始变暗时，我就会很焦急地看书，一直看到无法看清字才肯合上书回家。

一个晴朗的午后，我坐在草地上正看得入神，一对散步的母女走了过来，在我旁边坐下。妈妈开始看书，女儿玩了一会皮球，就枕着妈妈的腿躺了下来。

时间一点点过去，天色逐渐暗淡。

突然那孩子一下子坐了起来，似乎发现了什么特别的东西，她大声叫了起来："妈妈！快看！那里！"正在看书的我也很好奇地抬起头来。

此时，太阳正慢慢下坠。

那红色的夕阳就近在咫尺，仿佛伸开双手就可以触及。那是太阳在一天的最后时刻留给地球的笑脸，一张巨大而饱满的红色笑脸，温和得犹如慈祥的祖母，用无尽的爱和温暖笼罩着我以及我生存的这个世界。我沉醉在那无限温和的日落中……

在一旁的小女孩已为这美丽壮观的景色情不自禁地手舞足蹈起来。这时我随意地瞥了一下周围，除了我们之外没有其他人在观赏这景色。结束工作后匆匆回家的人，忙着打电话的人，做完运动往回走的人……都没有留意这绝妙的景色。

以前的我也是这样，每当夜幕降临时只会想着回家，从没有一次想到抬头看看日落的美景,更没有一次特意抽出时间去欣赏日落。

但从那以后我开始等待日落的来临,尽情地欣赏上帝为我们准备的这份珍贵的礼物。有时候觉得自己一个人欣赏太可惜,甚至会去拉住过往的行人一起看。行色匆匆的人开始时会用异样的眼神看着我,但之后他们也被日落的壮观景象所吸引而无法前行。我们相视无语,只是向对方抱以感谢的微笑。

来到儿时梦想中的长满椰子树的乐土——夏威夷,下飞机时激动万分的那一刻;

在克鲁斯喝着蓝色的鸡尾酒,与其他游客一起跳草裙舞的那一刻;

日出之前喝着咖啡,用全身心去迎接这个世界的那一刻;

在芝加哥爵士俱乐部,跳起布鲁斯舞的那一刻……

我能这样对自己说,我的每一瞬间都沉浸在感动中。不是过去,也不是未来,而是沉浸在属于现在的每一个瞬间中。

"是啊,那时候真好,但是当初自己怎么不知道呢?"

我不想在两鬓斑白回首往事时，有这样的遗憾。我要用整个身心去感受现在这一瞬间，我将用力地抓住它，感受自己的重量，感受自己的青春。

　　我正在变老，可是我将爱着变老的每一天。这是我的人生，有什么比去享受、去爱更重要的选择呢？

Princess Life
& Travel Tips

★ **I Love You**

- **I** Inspire warmth 给予对方温暖
- **L** Listen to each other 倾听彼此的心声
- **O** Open your heart 敞开你的心扉
- **V** Value your opinion 尊重你的意见
- **E** Express your trust 表达你的信任
- **Y** Yield to good sense 听从有益的建议
- **O** Overlook mistake 宽容对方的错误
- **U** Understand difference 理解双方的不同之处

★ **世界各国男人的告白**

法国"你是我的小白菜,每晚我都梦到你。"
德国"我情愿一辈子吻你留下的脚印。"
日本"你愿意每天早晨为我煮大酱汤吗?"
中国"我愿意成为你的奴隶。"
立陶宛"我愿意被你这朵玫瑰刺伤。"
乌兹别克斯坦"我对你的爱,像天上的星星那么多,像你的女丝那么多。"

Princess's Wise Saying

没有什么比现在更重要
因为你已经翻开了人生崭新的一页

人们认为人生有过去、现在和未来，但是实际上只有现在。**（马尔库斯·奥列里乌斯）**

你昨天的生活方式决定了今天的人生，但是明天的人生取决于你今天如何度过。每天都是新的机会，是按照自己希望的方式生活的机会，也是拥有自己想要的人生的机会。**（马夏·格莱德）**

人们忙碌地生活着，甚至不知道自己身在何处，去往何方。但是人生不是竞走，而是一步一步地去品味的旅行。昨天是历史，明天是未知，只有今天是礼物。因此才把现在(present)叫做礼物(present)。**（道格拉斯·达夫特）**

人生本不是负担,而是由于内心的杂乱无章——无止境地回想过去,或是埋首计划未来,或是忽视现在——从而使人生成为负担。**(哈里·达斯)**

你无法选择将怎样死去,但你可以选择现在该怎样生活。**(琼拜雅)**

人生不是用来消耗的,而是用来享受的。我们不是为了送走每一天,而是用拥有的东西来享受每一天。**(约翰·拉斯金)**

根据在清晨和春天里你感动的分量就可以知道你的健康情况。如果在你的心里对于自然的呼唤不会产生任何反应的话,如果对于清晨的散步不会兴奋并从床上一骨碌爬起来的话,对于第一声鸟鸣不会感到激动的话……就要反省了,你的春天和青春已经过去了……**(H.D.梭罗)**

在日出和日落之间我丢失了两个小时。每个小时都由六十颗钻石组成,但是我无法用悬赏金找到它们,因为它们已经在我的人生中永远地消失了。**(赫拉斯曼)**

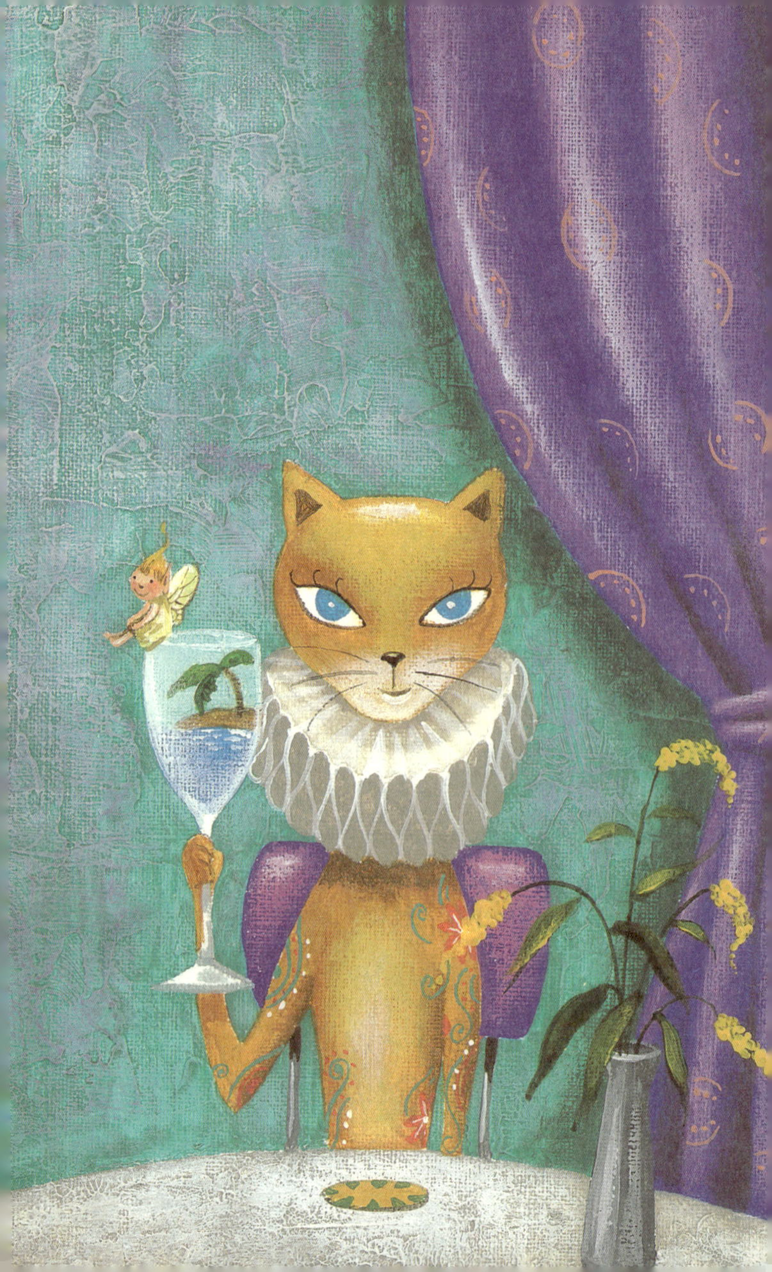

Open Mind

乐观的心态
是打开幸福之门的钥匙

保持乐观的心态

有一位父亲，他有一对双胞胎儿子，其中一个是乐观主义者，另外一个是悲观主义者。

在双胞胎生日那天，爸爸趁着孩子们去上学的工夫，在悲观儿子的房间里密密麻麻地堆满了各种各样的玩具，在乐观的儿子房间里放满了喂马的饲料。晚上，爸爸来到悲观儿子的房间，被围在玩具的小山堆中的儿子正悲伤地哭泣。爸爸问："你为什么哭啊？"儿子这样回答："我的朋友们该有多羡慕我啊，可同时我又要读说明书，又需要寻找很多电池，还有不知道什么时候这些玩具也许会坏掉。"

爸爸来到了乐观儿子的房间，只见儿子在饲料的小山堆中快乐得又蹦又跳。

"怎么这么高兴啊?"

"我想我应该去弄一只小马驹来。"

日常生活如此,旅行也是如此。无论面对怎样的状况,想法的不同就可以决定旅行是否愉快。我们应该抱有积极乐观的想法去享受旅行。如果过分地期待或者迷恋,旅行就会让人困扰,即使有一点点意外的状况发生,也会觉得厌烦。在旅行中,当意外发生时,先想它好的一面,并接受发生的一切。比如你错过了公共汽车,那么请先不要发火,就当那辆车跟你没有缘分好了,而你应该坐的是下一辆车。或者这么想:那是件无能为力的事情,只是稍微晚些到站而已,没有必要为此责怪自己或者埋怨任何人。在你等待下一辆车到来的时候,正好有机会可以看看周围,也许你还会遇到其他的缘分。

记得有一次,我按照旅行指南上面的介绍,费尽周折找一个饭店,到了才发现那个饭店已经不存在了。"费了好大力气才找来这里,却……"我一边埋怨这该死的旅行指南,一边极度沮丧。不得已,我只好在旁边随便找了一个饭店,没想到却意外地品尝到了美食。如果没有那本旅行指南,我就不会来到这样的地方,当然也不会发现这么好的饭店。这件事让我明白,不管身处什么样的状况中,都不该为此生气,或者浪费自己宝贵的时间——保持良好的心态才是最重要的。平静地接受所有的事情,即使事情不顺,也应该安慰自己"是的,有可能这样",那么烦恼就会消失,只留下快乐。

"但是"法则带给你快乐人生

有一次我在泰国的一家饭店里吃饭,酒足饭饱之后才想起我把钱包落在屋里了。我有些发慌,不知道该怎么办才好。但是饭店主人对于作为游客的我一点都没有怀疑,让我明天再来付钱。第二天我忙着办理退房手续,竟然忘记了要去那家饭店,就这样离开了那个地区。我想主人一定会想:"我就知道会那样。"然后后悔那么信任我,想到这里我心里就很不舒服。

因为心里实在太别扭了,真的无法就这么离去,所以几周后,我改变了行程又返回这个地区。我问那家饭店的大叔,是否还记得我,我说没有交钱就走掉真是对不起。大叔知道我改变行程特意来这里后,说:"没有关系,你的心意我领了。"

"不可以的,我只有把心债还了,才能离开这里。"

我付完钱,然后离开了饭店。为了回来,我虽然改变了行程,却在这家饭店门前意外地碰到了小学同学。她在小学时就移民到了阿根廷,离别多年的我们今天居然在泰国重逢了!

这种意外的相遇真的太神奇了,如果不回到那家饭店,不,如果那天我没有把钱包忘带出来,这个朋友可能永远都不会见到。

人生好像就是这样。

有些事情是一定要发生的。发生了不如愿的事情,需要我们又回到原地的时候,我们要懂得欣赏那里的风景。还有如果能在人生中运用"但是"法则,那么所有的事情都可以带来快乐。

"但是"法则是这样的:

我被人抢了钱,但是幸好身体没有受伤;
我迷了路,但是发现了不错的咖啡馆;
我失败了,但是留有一如既往的热情。

有了这些法则,我们就可以在更加快乐轻松的人生中漫步了。

Princess Life
& Travel Tips

* **旅行心经一**

  解决资金问题
  1. 减少逛街。
  2. 打工。
  3. 建立旅行基金,每个月存入5万-10万韩元。
  4. 戒烟戒酒,既省钱又有利于健康,一箭双雕。

* **旅行心经二**

  打破语言障碍
  1. 到英语培训机构学习。
  2. 即使不看也经常揣着英语会话书,在任何想看的时候看,比如在地铁里或者公司里。
  3. 一周至少看一次没有韩文字幕的电影。

* **旅行心经三**

  克服恐惧
  1. 从他人的旅行日记中获得勇气。
  2. 寻找一起旅行的朋友,一起准备,一起努力就不会轻易放弃。
  3. 上各种网站获得旅行信息,培养自己的旅行兴趣。

Princess's Wise Saying

不去看黑暗的阴影
只看太阳明亮的光芒

注意观察世界的方式,因为它马上就成为你的世界。(艾里克·海勒)

"NO"调过来说就是"ON",所有的问题都有解决它的钥匙,要不断思考直到找到它。(诺尔曼·文森特·皮尔)

我所认识的成功人士都是开朗并且内心充满希望的人。他们在工作中时刻都露出微笑的面容,无论喜悦或是悲伤都会精神十足地接受人生的全部。(查尔斯·金斯利)

我常常认真地思考,总是消极的人是不存在的。但是为什么会感到悲哀?我无论做什么都会一边享受一边生活。这样生活不是很好吗?(赫因森·沃德)

成为自己人生的导演吧,同一件事,根据在画面上出现的事物的不同,导演可以让它成为喜剧,也可以让它成为悲剧。你心灵中也有一幅画面,你可以用同样的技术和力量去调节作为身体活动基础的心灵活动。你可以将头脑中积极思考的光和声音调大一些,也可以将消极思考的光和声音调小一些。(安东尼·罗宾斯)

通往幸福的一扇门被关上的同时,另一扇门就会被打开。但是我们总是看到关上的那扇门,来不及去看为我们而打开的另一扇门。(海伦·凯勒)

不要让他人的幸福夺去你的视线,一定要握紧你自己的幸福,充实地度过每一天。你现在才刚刚开始,因此不要着急,不要看人生黑暗的一面,不要埋怨,不要愤恨,不要忌妒……这就是我对你的微小的希望。(辻仁成:《请给我爱》)

任何时候我都希望得到肯定。"YES"对我来说意味着对于爱情和自由的肯定。(小野洋子)

每生气1分钟,你就失去了60秒的幸福。(**爱默生**)

幸福并不是远在天边。对"我有这个,并且我也有那个,因此我很幸福"或者"我没有这个,也没有那个;但是我还是很幸福"这样的话并不陌生就是幸福。(**让·纪沃诺**)

观察新事物并不重要,重要的是用新的眼光去观察。(**弗朗切斯科·阿尔贝隆尼**)

与努力追求自己的幸福相比,人们总是花更多的心思在别人面前展示自己的幸福。如果不把心思花在展示上,自我满足就不是一件难的事情。因为有展示自己的幸福给别人看的虚荣心,多数人会错过真正的幸福。(**罗什富科**)

幸福的秘诀在于忘掉你所失去的,记住你所得到的。请记住你所得到的永远多于失去的。(**柳时华·《地球旅行家》**)

在你的心中有你的命运之星。（席勒）

由于人们不够了解自己，所以健康的人觉得自己走向死亡，而正在走向死亡的人还觉得自己很健康。（帕斯卡尔）

未来属于相信自己拥有美丽梦想的人。（洛克菲勒）

我们的心灵是一片花园，里面有爱情、快乐、希望等积极的种子，也有厌恶、绝望、挫折、猜忌、畏惧等消极的种子。给哪种种子浇水，让哪种种子开花，完全取决于你自己的意志。（释一行）

不满来自于比较。看不到更好的东西的时候，人们会认为自己的是最好的。（弗兰克·诺里斯）

少一些畏惧，多一些希望；少一些囫囵，多一些品味；少一些牢骚，多一些关爱，那么世界上所有美好事物都将属于你。（瑞典格言）

PaRAdiSe

Paradise

寻找藏有珍宝的天堂

精灵的幸福秘诀

在一个小村子里,住着一个失去父母、生活困窘的小女孩。有一天,她在路上看到一只蝴蝶被困在刺藤中。她把蝴蝶小心翼翼地拿出来,这时候蝴蝶变成了美丽的精灵。小女孩无法相信眼前的情景,直揉眼睛。

精灵对小女孩说:"我会实现你的一个愿望,来报答你的救命之恩。"

小女孩想了想说:"我想变得幸福。"

精灵点了点头,靠到小女孩的耳朵上,小声说了什么,然后就向着天空飞走了。

岁月流逝,小女孩渐渐长大成人,而在这个世上没有比她更幸福的人了。人们都想知道那个幸福的秘诀。很多人去找她,恳请她告诉他们幸福的秘诀。

那个女孩慢慢地说:"幸福的秘诀是我小时候精灵告

诉我的。"

一说完,人群中乱哄哄的声音变得更大了。

"那么,精灵究竟告诉你什么了?都快急死了,快点说啊。"

女孩脸上露出明媚的笑容:

"精灵告诉我,无论年龄是大还是小,无论是富有还是贫穷,所有的人都需要我。并且生活中我创造的每个小小的开心都会让我幸福。"

坐公车时,在我的前排坐着一位怀抱孩子的母亲。我觉得孩子长得实在太可爱了,便微笑着,不时地左右摇晃着脑袋逗他。小孩开心地咯咯笑着。过了一站上来一位大叔,他坐在我的前面,一看到小孩,就一边晃着脑袋,一边兴奋地摆着手。大叔下车后,上来一对看上去像是大学生模样的情侣。他们仍然坐在那个位置上,当看到孩子后,他们也晃着头,冲着孩子笑。

所有人看到孩子之后都露出了笑容,似乎孩子是为了给大人们带来欢乐才存在的。这个瞬间我明白了,幸福的人生就蕴藏在日常生活的每个角落里,只是你没有在意。

建造只属于自己的天堂

不知道从何时开始,为了建造属于我的天堂,我开始以自己的方式努力。这种方式就是写日记。与其说我记录了什么时间做了哪些事情,不如说我将自己的心路历程大致记录了下来,也借此来消除我对天堂迫切的渴望。尤其是坚定地告别过去,决心重新开始的时候,没有什么比写日记更好的方法了。

去旅行的时候,我会写一本旅行笔记。将在绿地上发现的漂亮的草和花瓣贴在笔记中,也会把旅行中遇到的事和人甚至人们的联系方式都记录下来,还会在笔记里贴上飞机票、当地货币等等。比如说我去了巴厘,那就是"Bali World";去了瑞士的话,就是"Swiss World",就这样建造着只属于我的天堂。

以后不管什么时候,每当我想回到当时的世界,就打开这本笔记,开始我的"迷你休假"。有时候我也会用微型录音机记录下海浪声、风声、教堂的钟声,还有街头艺人演奏的音乐声等等。

几年前我和一位朋友一起旅行。那时朋友正因为父母的离婚和再婚而感到非常痛苦,所以她提出想要去旅行。我们悄悄地去了新加坡的圣海沙岛，从岛的一边到另一边，来回不知道走了多少次。在海边的小摊上我们买了贝壳手镯当做礼物送给对方，又各自买了一个小小的笔记本。在白沙场边缘坐下来，一边听着爵士乐，一边开始装饰买来的小笔记本。我们把拍的照片贴在笔记本上，并且背靠着背写信给对方。湛蓝明净的无边苍穹，自由飞翔的鸟，欢天喜地垒城堡的小孩，哗哗的海浪声，清新的海的气息……周围所有的风景都是那么美。

不远处传来卡洛尔·金的 You've Got a Friend 的歌声，在这优美的旋律中，我们的内心变得丰富充实……

朋友这样对我说："现在的这种感觉，在其他的任何地方都不会找到吧。就算是 10 年之后我们再次来到这里，估计也无法找到现在的这种感觉。"

我们想把现在这一瞬间永远地留住，害怕因为失去这幸福的瞬间而遗憾，竭尽所能地想抓住它。所以我们两个在海边待了整整一天，喝了 5 杯玛格丽塔酒（Margarita），制作了一本旅行笔记。我们互相看对方的笔记，一会捧腹大笑，一会又默默流泪……

我们一直坐着，直到繁星布满天幕。酒杯中洒满了闪烁的星星，喝酒的时候就仿佛在品尝星星。就像用白色星星代表好日子、用黑色星星代表坏日子的糖果，我们的杯子中装满了白色的星星。我在笔记中画上了闪闪发光的红酒杯，然后写下这样的文字：

"2002年7月25日，我饮下满天星斗，醉了。"

旅行回来之后，空闲时，偶尔我会拿出那本笔记，一下子仿佛又回到当时情景中……

Princess's Wise Saying

在微笑、实践、快乐、爱情中
发现幸福

真正的宝物并不是年代久远的宝石戒指,你没必要去寻找海盗船的宝物箱,也没有必要去看藏宝图,更没有必要去深海中寻找箱子。真正的宝物在你我的爱情和快乐中才能找到。**(狄更斯)**

只要是你所感兴趣的,无论是什么都将让你变得幸福。**(威廉·罗素)**

不创造财富的人,也没有权利消费财富。不创造幸福的人,也没有权利享受幸福。**(萧伯纳)**

别人的一句话有时会忽然让我们感到幸福;别人的一句话有时会改变一些人的人生;别人的一句话有时会成为另一些人的精神支柱,一句句的话中都包含了爱。**(高桥步)**

幸福虽然有时候来自于外界，但是只有来自于自己内心的，像花那样散发出来的香气，才是真正的幸福。(**法正大师**)

与其说幸福来自并不多见的幸运，不如说幸福更多地来自琐碎的日常生活。(**本杰明·富兰克林**)

人生因我所成就的事业而变得幸福，人生教给我应该感谢我所珍爱的人。(**索菲亚·罗兰**)

幸福是什么？对于这一问题人们都是怎么看的呢？哥伦布感到幸福的时刻并不是他发现美洲大陆的时刻，而是寻找大陆的时刻。他的幸福达到高潮的时候也许是他在发现新大陆之前的四天左右的时候。(**陀思妥耶夫斯基**)

最高的幸福是确信我们正在被爱。(**雨果**)

幸福就是去爱，去感动，去祈求，去激情地生活。
（奥古斯特·罗丹）

对任何人而言，幸福一定会来临。**（尊凯治）**

我努力用舞蹈摆脱烦恼。我喜欢待在水边，喜欢放声大笑，喜欢跟家人和朋友相聚的时光。并且每天都希望自己做好事，如小小的社会服务工作，或向帮助我的人表示感谢，这些都是好事。自然、绿地、动物对我来说都很重要，更不必说真挚的爱情和周围的人了。**（休斯敦）**

造物主给了世上所有人幸福的机会，问题仅存在于人们是否懂得去享受幸福。
（克劳第乌斯·克劳狄安）

幸福不是偶然发生的，"……之后，就会幸福的。"当你说这句话的瞬间，就注定你绝对不会幸福。**（理查德·卡尔斯顿）**

享受幸福的人生，需要的并不是历经艰辛之后得到的财富，而是肥沃的土壤和平静的心灵。幸福的人生中没有埋怨，没有纠葛，没有命令的支配。只有挚爱的朋友，健康的身体。**(亨利·霍华德)**

最大的幸福是在一年结束之际，与这一年开始的时刻相比，感受现在这一时刻更好。**(H.D.梭罗)**

我们在健康的时候，不知道感谢健康。当失去健康，被病魔折磨的时候，才挣扎着要找回健康。病魔给身体带来痛苦和孤独，但是我们健康的时候，没有任何的觉察。幸福也是如此。我们幸福的时候无法感觉到的东西，在我们失去的时候才感到它的珍贵。人们大都在失去之后，才后悔："我曾经很幸福……" **(《塔木德经》)**

Chapter IV

高贵的公主是智慧 W.I.S.E. 一族

英国W.I.S.E.一族人数正逐年增多,根据《泰晤士》网络版报道,W.I.S.E.一族是指独自经历事情的女人(Women Who Insist On Single Experiences)。这些女性不畏惧一个人旅行,不认为一个人在高档饭店用餐、独自看电影或独自在高档酒吧喝上一杯是没面子的事情,反而觉得能够享受独处的时间很潇洒。

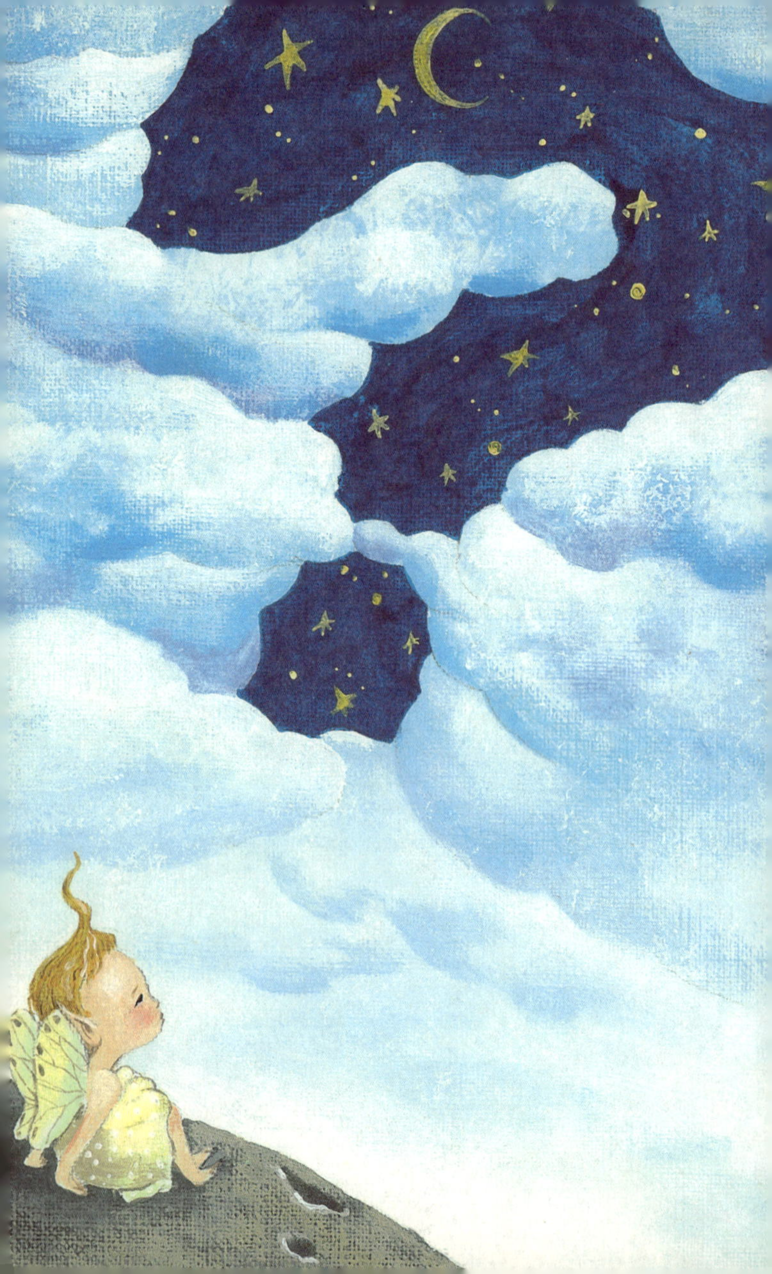

Question

唤醒沉睡的好奇心

旅行缘于好奇心

很多时候我对这个世界充满好奇:

是否真的像小时候看到的澳洲观光广告那样,在澳洲的路边有很多袋鼠呢?

全世界排名前 100 的大学,为什么大部分是美国院校呢?

在美国真的有几十万名埃米斯宗派(Amish)的人拒绝现代文明,至今仍然乘着马车、点着蜡烛度日吗?

在摩纳哥真的没有监狱,不用纳税吗?在荷兰,毒品真的是合法的吗?如果是这样,那么为什么呢?

真的,有时候我会异常好奇,所以为了能用我的眼睛亲自去验证,我选择了旅行。

好奇心是我们对人生的一种关注。换句话说,看的角度不同,关心的问题不同,人生就会变得不同。

有一个鞋业公司,为了了解非洲市场,派去了一名职员。几天之后,那个职员传回了消息:"我要回来了,这里没有市场,因为这里没有人穿鞋。"

公司觉得这样放弃非常可惜,于是又派去了一名职员。那名职员到达非洲才不过几个小时就向公司报告:"这里有广阔的市场,因为这里还没有人穿鞋。"

一模一样的世界在两个视角完全不同的人眼里大相径庭。这就不难理解为什么生活在同样的世界,有人获得了精彩的成功,有人得到的却是惨痛的失败了。

欣赏陌生而又美丽的风景并不是旅行的全部,旅行真正的妙趣在于去认识与你生活环境完全不同的世界,以便能够拓宽自己的视野。

我认识很多具有探险家气质的旅行者们,他们学识渊博,可是仍然关心这个世界,仍然不断地学习。他们尤其关注各个国家的语言,因为只有理解语言之后才能亲自解答在这个国家遇到的种种疑问。即便他们不能完全地掌握当地的语言,但是可以使用简单的问候语,简短的词汇,以自己的方式跟当地人交流,成为朋友,旅行也会变得充实和有趣。如果看到路边招牌上有几个认识的单词,就知道"那里原来是什么什么商店啊",模糊的视野也会顿时变得清晰起来。

对我来说,外语不仅是获得资格证或是学位的手段,更是一个好导游。它使我的人生更有意思,让我可以交到来自世界不同国家的朋友。我想告诉那些对大千世界感到新奇和疑惑并且具有探险家气质的人,了解母语以外的语言是旅行应该具备的第一要素。

试试又何妨

几年前,我路过新加坡的一个传统市场,第一次看到"水果之王"榴莲。其他方面我不敢自吹,可是对于吃的方面我特别具有探险家的资历,尤其热衷于品尝奇异的食品。这是我第一次见到这种水果,而它又被誉为水果之王,我觉得非得尝一尝不可。于是我毫不犹豫地买了一个,放在了酒店的冰箱里。我洗了澡出来发现整间屋子里充斥着一种奇怪的味道,刚开始没怎么在意,可后来这种味道越来越浓,我觉得再也无法忍受,就给服务台打电话。酒店经理过来后找到了味道的来源,正是来自我的冰箱。在这个酒店,榴莲是被禁止携带入内的,我违反了规定,经理说我应该交罚款。

居然禁止携带水果?我说这简直不像话,据理力争,但是想到那么一个水果,就使房间甚至酒店走廊都遍布了奇怪的气味,我就理解了。经理说立刻把它扔掉或者现在就吃掉。与吃掉这个身份不明且有如此浓烈气味的水果相比,我想赶紧扔掉可能更好些,不过就是有点可惜了。我和榴莲的第一次相遇就这样结束了。

与榴莲的第二次相遇是去马来西亚的朋友家,当他们听说来的是尊贵的客人,就端着这个水果大步地向我走来。那场景简直就像在拍恐怖电影。为顾全朋友家人的诚意,我含泪紧张地咬了一口。但是,味道好极了!很柔软很香甜的味道,真的无法用语言来形容。

现在我知道为什么东南亚人把它叫做水果之王并为之疯狂了。这就是经历过的人和没有经历过的人的区别。没有经历过的人绝对无法体会经历过的人们感受到的世界。

无论什么,适合自己的也好,不适合自己的也罢,都抱着好奇心去尝试一次。怎么样?也许你会有意外的惊喜。

Princess Life & Travel Tips

★ 第 1 ~ 49 位一生中必去的世界旅游胜地

1. 美国科罗拉多大峡谷
2. 澳大利亚大堡礁
3. 美国迪斯尼乐园
4. 新西兰南岛
5. 南非开普敦
6. 印度阿穆瑞沙金庙
7. 美国拉斯韦加斯
8. 澳大利亚悉尼
9. 美国纽约
10. 印度泰姬陵
11. 加拿大路易斯湖
12. 艾尔斯巨石
13. 墨西哥的契晨-伊特萨古城
14. 秘鲁马丘比丘
15. 加拿大尼亚加拉
16. 约旦佩特拉城
17. 埃及金字塔
18. 意大利威尼斯
19. 马尔代夫
20. 中国万里长城
21. 津巴布韦维多利亚瀑布
22. 中国香港
23. 美国约塞米特国家公园
24. 夏威夷
25. 新西兰北岛

(待续)

Princess's Wise Saying

世界是好奇心的天国
所有的一切都无比神奇和有趣

旅行时我们会变得谦虚,因为它让我们明白了在这个世界上我们有多么渺小。(福楼拜)

旅行会给你带来力量和爱情。如果不知道该去哪里,就按照心灵的指引走吧。那条路就像一条金光大路,每走一步都会带给你奇幻的世界。去那里旅行,你一定会发生变化。(加拉丁·鲁米)

没有必要去道路平坦的地方,去那些尚未开拓出道路的地方,留下自己的足迹;不是也很精彩吗?(夏洛蒂·勃朗特:《简·爱》)

我的名字不叫"岩石"而叫"路"(韩文中"岩石"与"路"发音相同。——译者注),我想走遍世上所有的道路。(孔志英:《我们的幸福时光》)

无论是旅途上还是人生中，懂得向他人学习的人，才是这个世界上最聪明的人。(《塔木德经》)

智慧不是与生俱来的，它是在没有人可以代劳的旅行中自己找到的。(马赛尔·布鲁斯特)

想获得知识，去很多国家旅行是远远不够的，应该学会旅行的方法。要善于观察事物，对于想了解的事物不去关注是不行的。(罗素)

旅行是尝试新的事物，当然需要自己去亲力亲为。"这是我选择的路"，能说出这句话的人是幸福的人。在路上看另一个世界会让我们的人生更加丰富多彩，更加新奇有趣。在路上我将永生。(朴俊:《在路上》)

当我知道了还有比我生活的世界更大的世界的时候，心中感到了充实。我并不是在一个狭小的空间里扮演一个渺小的角色。想到我有可以做一些事情的可能性，我会感到兴奋不已，甚至身体会跟着激动得颤抖起来。(韩非也)

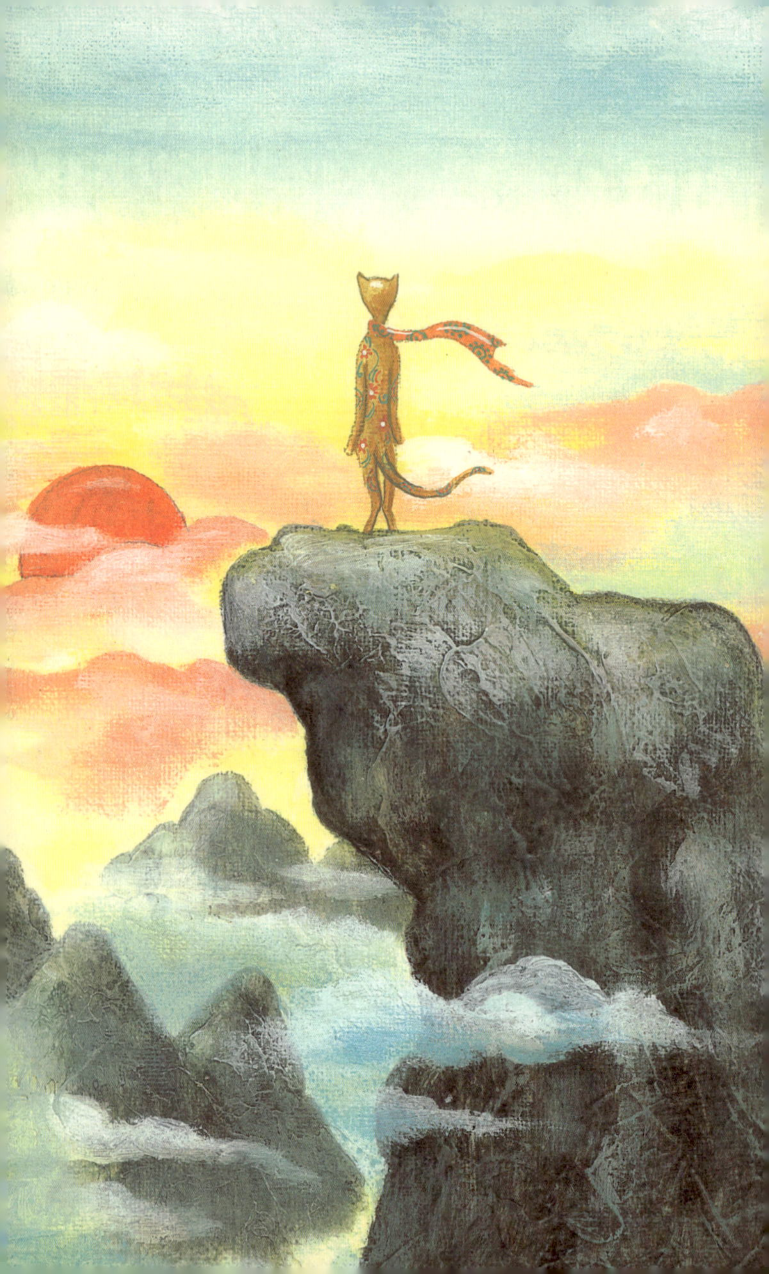

好好地享受休闲时光

得与失

　　有一天，一个少年在路边走着走着发现了别人掉的钱。他立刻把硬币揣到了兜里生怕被人看到，然后飞快地跑回家。白白捡到了钱，少年高兴得手舞足蹈。从那以后，少年不管去哪里，为了能够捡到钱总是低着头走路，即使有人搭话他也不回答。为了能捡到别人不小心丢失的东西，一年365天他每天低头走路，乐此不疲。

　　少年用了一辈子的时间，捡到了350个1分硬币，100个5分硬币，30个10分硬币，17个25分硬币，还有皱皱巴巴的3张1元纸币，一共是18元75分。日子在数着这些钱的过程中，一天天地过去了。

　　时光匆匆，临近死亡的他看着地板，突然明白了在他的生活中，失去了人生中永远无法换回的最珍贵的东西：蓝天，在天空中飞翔的鸟，挂在树枝上那些诱人的果实,还有那些曾经跟他搭话,但却被他的冷淡所推开的人……

因为不敢有丝毫放松,因为总是忙忙碌碌,所以常常会说自己太忙,可真的有一天可以休息了,我们又感到坐立不安,最终浪费了这金子般的时间。从现在开始不要这样了,让我们去寻找去享受人生中的余暇。

你还能记起已经有多久没做这样的事情了吗?上一次坐在喜欢的咖啡店,边喝着咖啡,边看自己喜欢的书是什么时候?与家人一起翻看影集,一起开心地笑是什么时候?悠然地享受午觉是什么时候?打开琴盖是什么时候?擦拭心爱的相机上面的尘土是什么时候?开心地大笑是什么时候?如果你记不起的话,那么你就对自己犯下了不可饶恕的罪行。24小时疯狂而忙碌地生活,并不等于比别人更成功,过得更好。认为忙碌就可以获得更多的东西,这是一种错觉,越是这样就越容易失去了"自我"。

在非洲生活着一种叫做"跳羚"的山羊。它们每天排好队吃草,累了在树下午睡。但是在它们不断前行的过程中,前面的羊把所有的草都吃掉了,后面的羊能吃到的就越来越少。于是羊群争先恐后向前跑，展开争斗，羊群前进的速度越来越快，后面的羊加速前行，前面的羊为了保持领先的优势也只能跑得更快。最终所有的羊都全力向前奔跑，由于跑得过快，看到悬崖也无法停止，最终全部山羊都掉下了悬崖。

享受余暇并不是奢侈

我们应该知道休息的价值。别人休息的时候我们应该乐于拿起船桨，但是当把船桨放下，我们应该知道休息。休息是最基本的权利，它可以找回人生中失去的重要东西。有时候只有休息了才能更好地前进。知道休息的价值，并且能够灵活运用的人，比那些只会赚钱的人，生活得更有意义。

累的话就稍作休息再启程，不要因为片刻的休息就有犯罪感，也没有必要感到不安。如果没有时间看周围的风景，只是一路向前跑，那么就只能过着连自己也不满意的生活。如果之前你对自己要求得太多，给自己太多的压力，那么现在就需要充电了。

休息绝不是懒惰和奢侈，和家人共度的时间，为自己准备的时间，这决不是一种浪费。

在一个懒散的周日午后，我到了自己喜欢的马里布海岸。在沙滩看到一位白人男子领着两个白人儿子、一个黑人孩子和一个东方人孩子（孩子们叫他爸爸，好像是领养的孩子）。爸爸非常认真地跟孩子们一起垒城堡，一会又把孩子们一个个扔到海水里。之后妈妈也加入进来，他们分成两伙打起了水仗。后来爸爸拿起一根棍子，高声叫着，学着土著人跳舞。孩子们看了乐得人仰马翻，都跟在爸爸后面，一起学起土著人来。每个人抓着前一个人的腰，一边像土著人一样舞动着，一边前进，一家人玩得开心极了……

另一边有一对夫妇，他们并排躺在沙滩毯子上，相拥而睡，那表情仿佛在天国一样。他们旁边有一位中学生模样的女孩，那大概是他们的女儿。她正在读书，偶尔放下书轻轻地驱走鸟，怕它们打扰了父母的休息。这是多么和谐美丽的画面啊……如果所有的人都知道好好地享受休闲时光，那该有多好！

Princess Life
& Travel Tips

★ 第1～49位一生中必去的世界旅游胜地

26. 巴西和阿根廷边境的伊瓜苏瀑布
27. 法国巴黎
28. 美国阿拉斯加
29. 柬埔寨吴哥窟
30. 喜马拉雅山
31. 巴西里约热内卢
32. 肯尼亚马塞马拉国立公园
33. 厄瓜多尔加拉帕哥斯群岛
34. 埃及路克索
35. 意大利罗马
36. 美国旧金山
37. 西班牙巴塞罗那
38. 阿联酋迪拜
39. 新加坡
40. 塞舌尔拉迪戈岛
41. 斯里兰卡锡吉里那
42. 泰国曼谷
43. 巴巴多斯岛
44. 冰岛
45. 中国西安秦始皇陵兵马俑
46. 瑞士采尔马特峰
47. 埃及阿布辛贝神庙
48. 巴厘岛
49. 法属玻利尼西亚博拉博拉岛

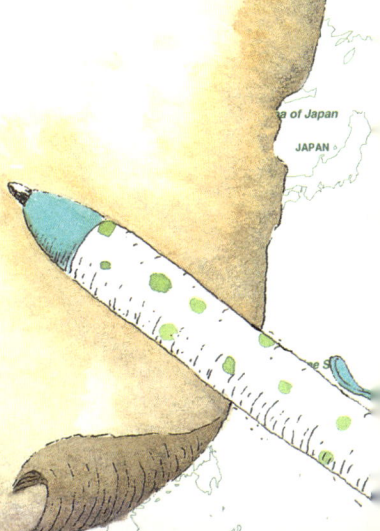

Princess's Wise Saying

**现在是只属于你的时间，
请放松地休息吧**

　　如果我能重新活一次，我要养成至少每周读一篇诗歌、听一次音乐的习惯。**（达尔文）**

　　当你感到好像没有休息的时间的时候，就要小心了，因为灵魂也可能随之一起消失。**（洛根·史密斯）**

　　如果每天有能够接触周边世界的时间，哪怕只有一分钟，恶魔也无法掠走，因为这是天使守护你灵魂的时间。**（梅丽恩·伍德曼）**

　　一沙一世界，一花一天堂。**（威廉姆·布莱克）**

　　人们知道名誉和地位可以带来快乐，却不容易领悟真正的快乐实际上来自于平淡的日常生活。**（《菜根谭》）**

人生不是什么深奥的东西，它就像一杯咖啡带给我们的温暖一样平常。(**理查德·布劳提根**)

我所使用的音符并不比其他钢琴家使用的好一点，但是艺术却存在于这些音符之间的空隙之中。(**阿图尔·施纳贝尔**)

心中宽阔又平静的时候仿佛能够包容一切，如果宽阔的心一旦开始扭曲，包容一切就会变得像折断针尖一样难，如此狭隘的……正是"人心"。(**达摩**)

我能做的并不多，但是我能和你一起坐下待一会，在我们共同行走的这条路上，和你开上几句玩笑……(**马伍德·V.普莱斯顿**)

我们应该永远感谢——常在我们身边，我们却不知道珍惜的家人、亲人、邻居，以及与他们之间的缘分，请让我度过一个感受爱的恩惠的假期吧。(**李海仁修女**)

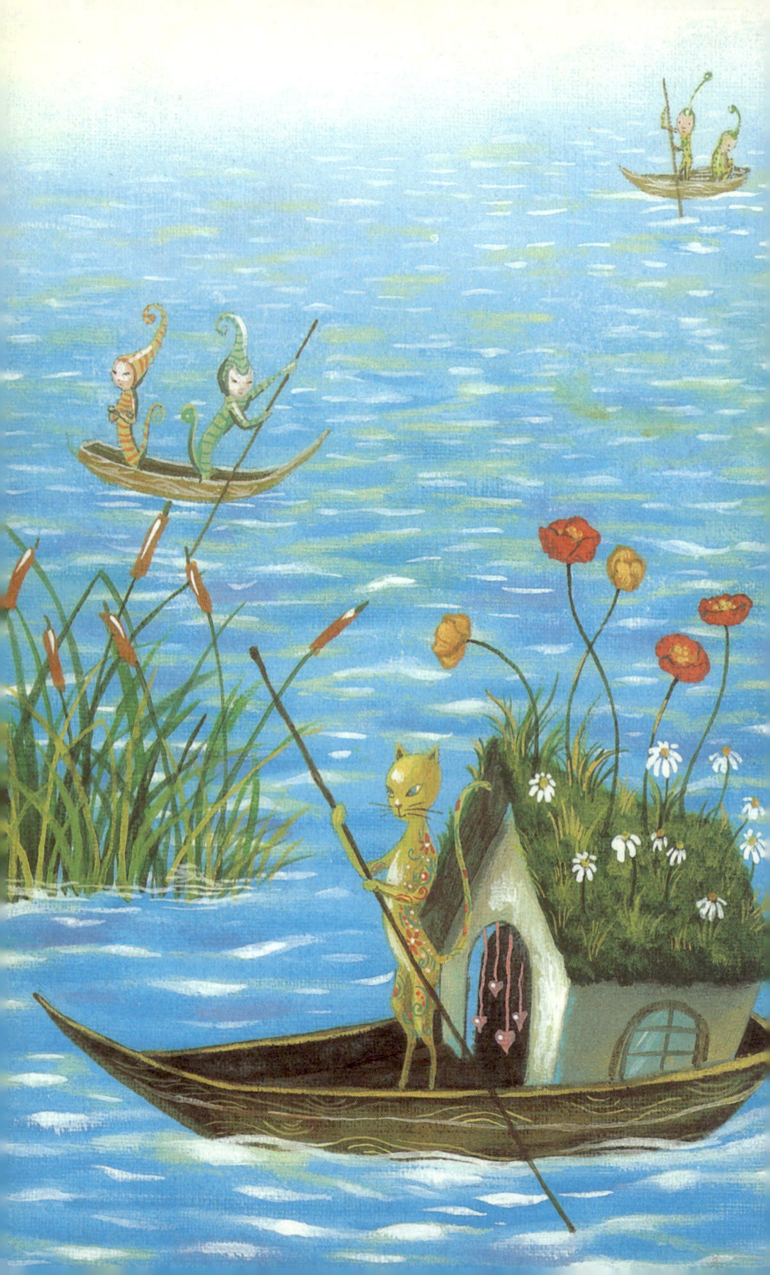

Solitary

在享受孤独中学会坚强地生活

留给自己思考的时间

这样的时刻真是太好了。在懒散的午后穿上宽松的T恤，准备一杯咖啡，没有音乐，没有电视，四周流淌的只有静谧。

这正是属于我的时间，彻头彻尾地为我准备的时间。在这静默的时间里，我可以倾听自己内心的声音。这静默的时间让我可以更加珍爱自己，它轻轻地抚平我心灵的伤口，给我带来平和。

有一位朋友，冥想之后归来。他待在那个地方沉默了整整40个小时，他说最初太闷，觉得快要疯掉，所以想放弃，但是想到已经坚持了这么久，放弃很可惜，于是又坚持下来。

渐渐地，他开始明白这一段时间以来，自己在生活中说了很多无聊的话。想起各种艰难苦涩的事情，他流下了眼泪,也终于听清了自己内心的声音。他说在某个瞬间你会茅塞顿开,心情变得无比舒畅。

留给自己思考的时间,就会产生理解、宽容的心,就能找到平和的感觉。自那以后那位朋友的压力就明显减少了。

不久之前我在报纸上读到了一则消息,是关于格鲁米族的事。格鲁米族是能够坚强地享受孤独的一类人。他们为生活所累而疲惫至极时,就会去寻找独处时间,哪怕只是片刻。他们工作5天,大概有一天的时间会自己一个人吃午餐:喝一杯咖啡,吃一块三明治,听着音乐来享受孤独。他们跟志趣不合的人在一起会感到不舒服,并且认为会影响自我的感觉和思维,他们认为尽情享受孤独的时间能给生命带来能量。

在错综复杂的人际交往中,人们偶尔会产生想独处的冲动。你可以享受沉默的自由,可以享受只属于自己的空间和时间。

最初你会因为不知道该干些什么而感到很无聊,但慢慢地,你会逐渐适应,焦躁的心也会变得轻松和舒适。

那种远离人群后的孤单会给你带来不一样的感觉。一刻都无法忍受孤单的大有人在。他们只要一个人的时候就会感到不安，于是赖着别人，缠着别人。他们在别人那里受到伤害，然后带着受伤的心，又陷入另一段纷繁复杂的人际关系。

作家莉塔梅布朗这样说道：

"如果对别人进行忠告的话，我想对他说，一年中至少给自己留出一周或者至少一天的时间独处，如果不能做到这点的话，遭遇困难就不可避免。"

也就是说只有懂得独处的人，才能跟他人发展健康的、持久的关系。

以主人公的身份享受人生

随着我的旅行不断增多，不，是随着我逐渐变老，我切实感受到，人没有必要百分之百迎合别人的喜好，同样也没有必要去说服别人按自己的想法生活。

当然有时候做出某种程度上的让步和迁就是应该的，但拿出吃奶的力气去附和别人然后让自己有压力，是完全不可取的；当然也没有必要去埋怨或者厌恶与自己想法不同的人。

比如说，与朋友一起旅行，可以有一天左右的时间分开行动。一起旅行的话，不管多么亲密的朋友都一定会有小摩擦，因为朋友所想的和你所要的不可能百分之百相同。这时候就有必要分开。这是旅途中和人生中所必需的智慧。自己想观光，可是朋友想购物，这时候单独行动就是明智之举。没有看过的名胜古迹还有很多，却由于朋友想购物，无可奈何地跟朋友去了购物中心，并在那里消磨了一整天。于是你把没有看名胜古迹的账记在了朋友的身上，心中积攒下不满，就有可能导致两人大伤和气。

有时在旅行中会遇到旅行高手。他们一般都是一个人旅行，选择住在旅馆，碰到去向一致的朋友，就和他们一起旅行。这样不仅可以消除旅途中的寂寞，还可以节省开支，也可以提高安全系数。旅途中当方向不一致的时候，他们就分开按照自己的方向继续走下去。

他们也绝不会让他人按照自己的日程、按照自己的喜好来行动。他们会尊重对方的计划，互相鼓励。实际上和亲密的朋友一起旅行很多时候会发生分歧，在旅行中争吵不断，最后分道扬镳。

无论在旅途中还是在人生中，出现岔路口时就该果断地分开，还有一定要珍惜自己一个人独处的时间。

从小的事情开始，慢慢试着自己独立完成，最后旅行也可以一个人来完成。

请不要以配角而是以主人公的身份去享受人生。

独处的时间可以发现自我,可以知道自己应该何去何从。因为独处可以很快使人成熟。

Princess's Wise Saying

像犀牛的独角那样一个人生活
劲头十足地生活

把希望寄托在别人身上多半会失望。应该像鸟一样,靠自己的翅膀飞翔。(**瑞娜**)

让所有人快乐和开心,这必将会给自己带来悲伤的结局。(**阿拉伯格言**)

看到信任的人离去,
无法面对所爱的人的冷漠而心灵受伤的时候,
请抛开所有的痛苦,想想这句话:
没有人是不孤独的。
两次,三次,甚至更多次地在心里默念吧,
事实上,任何人都是孤独的。
(**金宰真:《没有不孤独的人》**)

我愿意成为一位孤独的游子。(**纪伯伦**)

孤独是幸福和安逸的源泉,因此享受孤独应该作为年轻时的一个课题。(**叔本华**)

孤独的时候,我们会对我们的人生、我们的回忆、我们身边的小事物都表现出热情。(**弗吉尼亚·伍尔夫**)

一个人独处比任何事情都重要。对知道自己将来要做什么的人来说,独处的时间就更加珍贵。无法为自己留出时间的人,是绝对不可能成功的。(**吉本隆明:《我眼中的幸福》**)

孤独的人会站得更高,以致不使自己陷入囹圄。他的灵魂不是周围布满荆棘樊篱的小屋,而是立于高处的、人们任何时候都可以自由出入的宫殿。在那里即使没有人出来,任何时候也都欢迎客人的到来。生活的秘诀在于具有接受所有事物的力量,同时学会孤独生活的方法。(**皮埃尔·博纳尔**)

比起一个人待在家里,与很多人共处的时候更容易感到孤独。**(亨利·大卫·梭罗)**

可以回顾自己的人生,深刻地剖析自身存在的机会正是孤独。从这个积极的角度来看,孤独的时间也很可贵。**(金寿焕　枢机卿)**

没有人想故意孤独,我也如此。但是工作的时候,一个人独处绝对不会有害处,这是一个可以静静地整理自己的想法的时间。**(瑞奇·马汀)**

我的人生不想受任何人的干涉,不想与任何人相同,我要按照自己的方式生活。但是按照自己的方式生活就要有彻底的个人秩序。这一秩序中包括了不能懒惰,要简朴、单纯和不伤害周围的人,还应该遵从偶尔高调、偶尔低调的生活节奏。**(法正大师:《鸟儿飞离的丛林一片静寂》)**

孤独的人像天文学家,他的眼里布满了星星,他并不孤单。(皮埃尔·博纳尔)

学会与自己内心深处对话的方法,并且认识到所有的事情都有其各自的目的,没有误打误撞发生的事情,也没有碰巧发生的事情,在所有的时间中都能收获教训,也能给我们带来祝福。(库柏罗丝)

给自己思考的时间、祈祷的时间、微笑的时间。那是产生力量的源泉,那是最大的力量,那是灵魂的音乐。(鲁新达·巴蒂:《灵爱之光特雷莎修女》)

伟大的一生像灯塔那样,虽然没有巨大的声音,但却一直发出光芒。(慕迪)

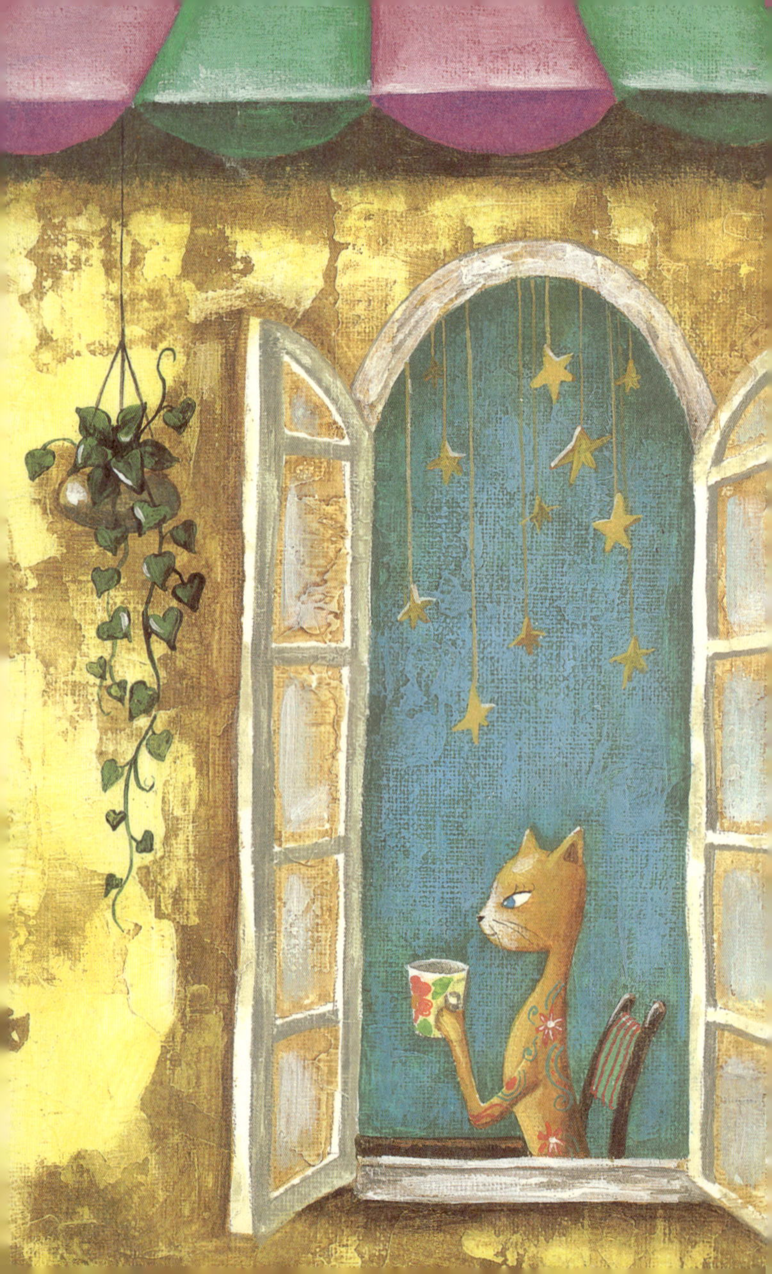

*T*hankful

装满感恩的花篮

感谢有你在身边

在一个修道院里,修道士每两年才可以说一句话。有一个新来的修道士,在度过第一个两年之后,得到了可以说一句话的机会。

他找到神父说:

"睡觉的地方不舒适。"

又过了两年,年轻的修道士又得到了可以说一句话的机会:

"饭不好吃。"

又过了两年,年轻的修道士拿着打好的行李,出现在神父面前:

"我要走了。"

神父对着这位因无法忍受修道院生活而离开的修道士的背影说道:

"忍受两年才可以说话,如此珍贵的机会你全都用来发泄不满,所以你当然无法忍受。"

以前稍微有点不如意,我就会感到不幸和绝望。而失去双腿的人却因为有可以看到可爱孩子们的双眼,有可以拥抱孩子们的双臂而感到幸福。海伦·凯勒的眼睛看不到东西,耳朵听不到声音,嘴不能说话,却认为自己拥有太多而常常感恩。当问她的愿望是什么时,她说若死前的 10 分钟能够睁开眼睛,看到家人和安妮·沙利文老师,那么即使死去也会感谢上帝给了她这 10 分钟时间。听到这些,我为自己这期间总是抱怨受到上帝的不公而感到羞愧。

造物主在天国给每个人都准备了两个花篮:一个是祈愿的花篮,另一个是感恩的花篮。但是祈愿的花篮都已经装得不能再满了,可是感恩的花篮却总是空空如也。放在天平上的两个花篮不能维持平衡的时候,两个花篮里面的东西就会全都撒出来。

细数我们拥有的东西吧:家人,健康的身体,我爱的人和朋友,还有工作。现在不正是我该装满感恩花篮的时候吗?如果能维持两个花篮的平衡去生活的话,也许就会实现我们苦苦祈祷的愿望。

现在就打电话给你最珍爱的人吧。比如今天就跟父母说:"感谢您把我养育到今天。"或者对一直以来你暗恋的人告白;或者给要请求对方原谅的人打电话致歉。向一直以来忽视的、却应该感谢的人表达你的谢意吧,对他们说:"此时此刻我最感谢的人就是您,感谢您一直在我的身边。"

让我懂得人生意义的老师们

那是在我等车时发生的一件事。记得那时已是晚秋,天气很凉,那天的公共汽车等了好久都不来,我厌烦地用脚不断地跺着地。这时候一对坐在地上卖小饰品的夫妇映入我的眼帘。两个人都紧紧蜷缩着身子,甚至无法正常说话。在冰冷的水泥地上,只铺了一个薄薄的垫子,他们坐在那里,相视而笑。

看到他们,想到我不过在寒冷中刚待上几分钟就开始厌烦,我不禁为自己感到羞愧。看到这对夫妇在寒冷中受苦,我不忍心,于是打算过去买一个小饰品。

这时候跑来一个小孩,她给夫妇俩递过去打糕和鱼饼汤。夫妇俩露出了慈爱的笑容,用手指着小饰品,意思是要送给小孩做礼物。孩子不知道该如何是好,她的妈妈说:"大叔要把这当做礼物送给你,快谢谢大叔。"

比起收到的打糕,有人关心自己似乎更让他们开心。而对这对夫妇来讲,能够为别人做点什么,也许就是他们最大的愿望了。

我一边挑选小饰品,一边问大叔:

"车子就在身后呼呼地跑,你们不冷吗?"

"我没什么关系,倒是我老伴很让人担心,我让她待在家里,可是她偏要跟出来。"

大叔蜷缩着身体,费力地说着话,而在旁边的大妈则害羞地笑着,那笑容宛如天使一般。

"大叔,下次出来的时候,给大妈带上个厚垫子吧。"说完我快速地付了钱,上了公车。

我从车窗望去,这对夫妇正在互相喂那个小孩送给他们的打糕和鱼饼汤。顿时一股暖流涌上心头。

感谢这对老夫妇,他们让我明白人生的意义,也感谢迟来的公共汽车。

Princess Life & Travel Tips

★ 在电影和电视剧中出现的必去的地方

《日出之前》——奥地利维也纳

《欲望都市》——美国纽约

《冷静和热情之间》——意大利佛罗伦萨

《布拉格恋人》——捷克布拉格

《巴黎恋人》、《日落之前》——法国巴黎

《十一罗汉》、《远离拉斯韦加斯》——美国拉斯韦加斯

《罗马假日》——意大利罗马

《海滩》——泰国斐济皮皮岛

《西雅图不眠夜》——美国西雅图

《当你沉睡时》——美国芝加哥

《重庆森林》、《甜蜜蜜》——中国香港

《发生在巴厘岛的事情》——印度尼西亚巴厘岛

《海底总动员》——澳大利亚悉尼

★ 到这里寻找小时候读过的童话的主人公

《白雪公主》——西班牙塞哥维亚

《爱丽丝梦游仙境》——英国牛津

《长发姑娘》——德国特伦德尔堡

《阿尔卑斯山的少女》——瑞士麦因菲德

《皮皮的长袜》——瑞典斯莫兰平原

《彼得兔的故事》——英国温德米尔湖

《小红帽》——德国阿斯菲尔德

Princess's Wise Saying

人生中充满了值得感恩的事
哪怕是微不足道的小事,也值得我们去感激

能够忍住流下来的口水,你就是这个世界上最幸福的人。(**让·多米尼克·鲍比**)

我为自己没有鞋子而愤怒,但走出去一看,有个人在那里,他没有腿。(**中国格言**)

印度有一位男子,他靠给人称体重收到的一卢比钱维生。有人问他:"你幸福吗?"他回答说:"幸福的重量和不幸的重量是一样的,比起神没有给我的东西,我更珍惜神已经给我的东西。神给了我这个秤让我维持生计,对此我已经非常感谢了。"(**柳时华**)

学习感谢的方法的时候,我们就学会了要专注于人生中好的方面而不是坏的方面。(**范德比尔特**)

我的王冠不在头上而在心里,这个王冠不是用钻石和华丽的宝石做成的,也无法用眼睛看到,也不会轻易地被别的皇帝取走,它叫做"满足"。(莎士比亚)

请你想象一下:你失去了现在所拥有的一切,失去了所爱的人。再想象一下:现在这所有的东西又重新回到你的身边。还有什么比这更幸福的呢?
(山田吾美)

我的微笑具有强大的凝聚力,它能打破冰冷的隔阂,平静猛烈的暴风雨。我总是拥有微笑,因为我有一颗感恩的心。
(安德鲁斯:《波恩德伟大的一天》)

幸福不是因为得到了想得到的东西,实现了愿望,或是因为做了想做的事情。现在你所拥有的东西,现在的自己,现在你正在做的事情是因为你的喜欢而存在的。
(德采夫妇:《幸福从哪里来》)

其他的人在考虑失去了什么,而我在思考我得到了什么。
(M. 埃尔佐,世界上第一位登上安纳普尔那峰的人)

人们面对自己不想做的事情总会找成百上千个无法完成的理由,实际上他们只需要一个做这件事情的理由。(惠特尼)

神与恶魔在战斗,战场是人类的心灵。(陀思妥耶夫斯基)

虎视眈眈的人向着自以为是的目的地踏步前进,精疲力竭之时将自己最后的一点力量都倾注在所做之事上,埋怨世界没有给自己幸福,与其成为这样坐立不安的矮小的人,不如努力与自然的力量相融合,那才是人生真正的乐趣。
(萧伯纳)

我从没有想过自己生活在黑暗的世界里,因为我心中的太阳总在升起。(海伦·凯勒)

在寻找山中的宝物之前，请先充分地利用你双手中的宝物吧。如果你的双手很勤快，那里的宝物就会像泉水一样涌出。**（司汤达）**

将所有人的不幸都堆积在一起，然后让人们把看上去最小的不幸拿走，人们都去找自己的不幸，然后满足地离开。**（苏格拉底）**

用钢琴，有些人只能弹出嘈杂的噪音，而有些人却可以演奏出美妙的音乐。没有人因此责怪钢琴的不好。人生也是一样，有不和谐的声音也有动听的音乐。好好学习生活的技巧就会造就美丽的人生，反之人生会变得不堪。总之，人生本身并没有错。**（朗克尔劳）**

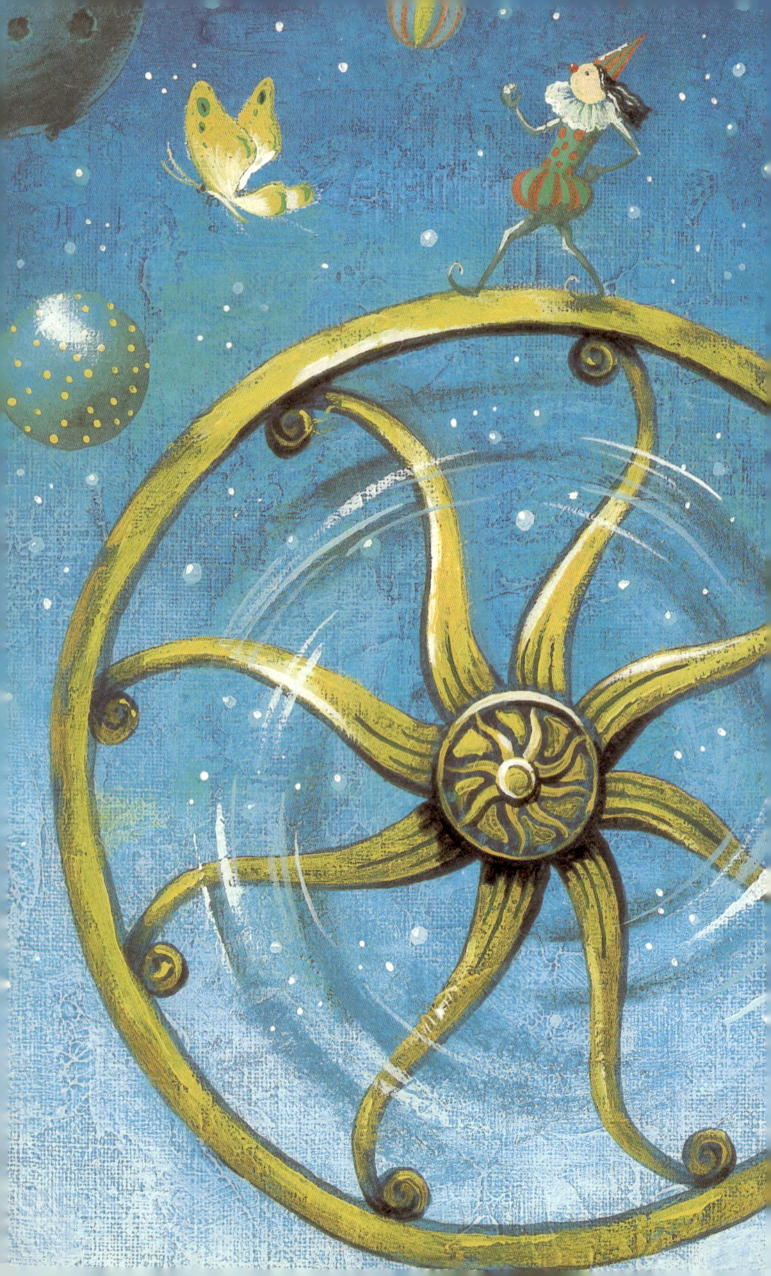

Understand

珍贵的人生不可虚度

人生是游乐场

人生像滑梯一样,上去的时候用了好长的时间,而下来的时候却很快……

人生又像跷跷板,有人上去就会有人下来。如果我耍心眼,朋友们就不愿意再跟我玩,甚至会将我忽略。

人生中有时候又像荡秋千,只有懂得后退才能前进得更远。如果只是一心想着往前走,绝对不能荡好人生的秋千。如果只是在那里坐着,也绝对不能荡得更高,说不定在什么时候就会有人对你说:"你下来吧。"然后被人抢走了座位。如果想活得更好,就要像荡秋千那样双脚不停地用力摆动。当然如果有人推你一把,你会前进得更远,但是让人感到神奇的是,如果没有人推,而是有人在看你荡秋千的话,你会更加卖力。

人生就像乘坐游乐场的大转盘,当你不停地转的时候,周围的景色一片模糊,连在旁边观看的母亲的脸都无法看清,于是珍贵的东西就这样一个个地错过了。并且会让你头晕脑涨,当转盘停下的瞬间,甚至会晕倒。

正是如此,人生就是游乐场。

人生是庆典

人生是庆典。我们可以为自己举办庆典,也可以应邀参加别人的庆典。只要你放轻松,就会发现这个世界到处充满了欢乐。

几年前,我住在一家旅馆,跟那里的国际朋友一起开了一个意义深远的派对。安在拉是我的一位韩国姐姐,那时她在新西兰进行语言研修,曾在旅馆里住了3个月(因为那里很便宜)。她跟我说她没能参加3年前举办的母亲的花甲宴,这成为她一生的遗憾。20年前她失去了爸爸,妈妈一个人将她抚养成人,饱尝艰辛……想到这些,她的心就像被撕碎一样,禁不住流下了眼泪。第一次踏上新西兰的土地的时候,她曾感叹:"居然有这么美丽的世界!"曾经在电视上看到的世界就展现在眼前,于是她决心一定要带妈妈来这里,在那像画一样的绿色草原上的房子里过幸福的生活。我听了这些,有意无意地说道:"邀请母亲过来有什么难的?没有必要等到以后啊,现在邀请不就行嘛!反正也不能立刻就在这里定居,先让母亲过来,带她四处观光一下。然后去看看那片令人感动的草原,再举办花甲宴,怎么样?"听到这句话,安在拉姐姐的眼睛闪过了一道光芒,但是立刻又无力地说道:"可是现在还没有那么宽裕……"

为了找到解决办法,我们来到旅馆的食堂,跟朋友们商讨起"花甲宴计划"。计划得到了大家积极的响应,于是就在那里成立了小组。除了我和安在拉姐姐以外,有雕像美女西班牙人西西利亚,装蒜公主娜奥卡和萨欧里,印度尼西亚朋友莉亚娜,喜欢独自吃饭、看电视的澳洲朋友米赛尔,还有记不住名字的两位意大利花花公子,他们看到我们的鬼点子很有意思,也参与了进来。

就这样一共9个人,成立了花甲宴准备委员会。最棘手的问题就是飞机票。如何在短时间内攒齐机票钱?后来有人提议在放假期间"洗车打工"。我们迅速采纳了这个意见,并着手干了起来。我们借了旅馆的后院,让我们身材高挑又丰满的娜奥卡和西西利亚换上性感的服装,出去招揽生意,结果我们大获成功,客人络绎不绝。不知什么时候开始,旅馆的主人和朋友们也加入了洗车的行动。就这样,洗了 4 天车,我们赚到了飞机票甚至还有办花甲宴的钱。

在安在拉的母亲到达的那天,我们一早就开始忙碌起来。外国朋友们开始打扫房间,忙着准备自己国家的料理,以便好好露一手。我跟几个韩国朋友去韩国商店订购了打糕,还有花甲宴必需的水果和食物。安在拉在母亲来之前已经告诉她要穿上韩服了(当然花甲宴的事只字未提)。一切安排就绪,旅馆的主人和安在拉去了机场。这个由所有人一起精心准备的宴会,一点不亚于王公贵族的花甲宴。

当安在拉的母亲穿着华丽的韩服来到旅馆的后院,看到我们准备的盛宴时,她十分吃惊,感动得落下泪来。那一刻我感到喉咙哽咽,安在拉姐姐也忍不住抽泣起来,在场所有的人都因为感动哭了起来。那天旅馆的所有客人都来到了后院,热热闹闹地一起分享盛宴。

那一天是一件特别的礼物,它不仅属于安在拉姐姐和她的母亲,而且属于当时在场的所有人。现在想起来我仍然会感到很幸福。一边洗车,一边打水仗的时候;不知道该怎么订打糕而徘徊不前的时候;等待姐姐母亲的时候……人生原来可以如此美丽!人生原来可以如此幸福！这一次我深深地体会到了。

世界如此美丽，如果只是虚度每一天，那真是遗憾。在我的人生搭上"Aness An"这列火车后，我将成为幸福的旅行者。轻装上阵，将路边的风景珍藏于心，把旅途上遇到的缘分一一铭记。旅行虽然短暂，但我希望它能成为永恒。

Princess's Wise Saying

人生是在相似的环境中
懂得适度娱乐者的游乐场

　　人生匆匆。最初的四分之一在尚未清醒之时过去了，最后的四分之一在还没有来得及享受快乐的时候过去了。还有这两个无所事事的中间部分被睡觉、工作、禁锢和所有的悲伤和苦痛所消耗。人生短暂。（**卢梭**）

　　终于我明白了我生存的唯一理由是享受人生。（**莉塔梅布朗**）

　　我们一无所有地来到这个世界，并且将两手空空地离开这个世界。（**塞·涅卡**）

　　在饮食中放入盐，咸淡正好的话，食物会很香甜，但是如果把食物放在盐中，无论如何都无法食用。人的欲望也是如此，在生活中应存有一些欲望，但将生活置于欲望之中是不可行的。（**柳时华：《地球旅行者》**）

身在高处总会成为孤家寡人。没有人跟我搭话,孤独的冷风让我瑟瑟发抖,我来到高处到底想做什么呢? **(尼采)**

无论你的行为是否会成为电视谈话节目中的话题,是否会成为新闻头条,是否会成为畅销书的素材,你的行为只会是属于你人生的特别报道。在采取任何行动之前一定要三思……在你的人生被印刷之前,努力地成为能够很好地编辑自己人生的人……**(马萨·梅里·马库)**

人生的质量和完美度不在于长或短,而在于给后人展示了多么博大的爱和多么优秀的品质。**(克拉夫德)**

人生的成败不在于抓到好的牌,而在于怎样出好手中的牌。**(梅顿)**

选择险峻道路的人在行走的过程中,因抛弃了自己的欲望而感到快乐;选择平坦道路的人在行走过程中,因满足自己的欲望而快乐。前者心胸越来越开阔,后者心胸越来越狭窄。**(李外秀:《抛向你的情网》)**

人生如此短暂,不要把它看成利刺,而要把它看做花朵,它自有它的味道、香气和形态。**(希蒙·佩雷斯)**

享受幸福吧!除了从上帝创造的泉中得到的一口水和从慈悲的人那里得到的一块面包之外,还有以繁星闪耀的天空作为天棚的床。享受这一无所有的快乐!**(阿尔贝隆尼)**

连自己的几分之一都没有了解过,人就会对生活感到烦躁不安。**(詹姆斯·迪恩)**

有个人让我烦躁，但是那个人好像就是我自己。（托马斯）

白日梦留给那些愚蠢的人吧，让我们接受心中原原本本的愿望。所有的事物都来自内心。星空下面的你，请深呼吸，与我们一起憧憬吧。所有的事物都来自内心、爱情、人生，甚至死亡。（威尔科克斯）

人生的悲剧常常是在不再需要成功或金钱的时候，才实现成功或者金钱上的独立。（艾伦·格拉斯哥）

把青鸟作为青色的鸟捕捉是毫无意义的事情。并不是说世界上没有青鸟，即使费尽周折找到并且捉到青鸟，那么从捉到的那一瞬间开始，青鸟就一定会变成灰色的鸟。（掘秀彦）

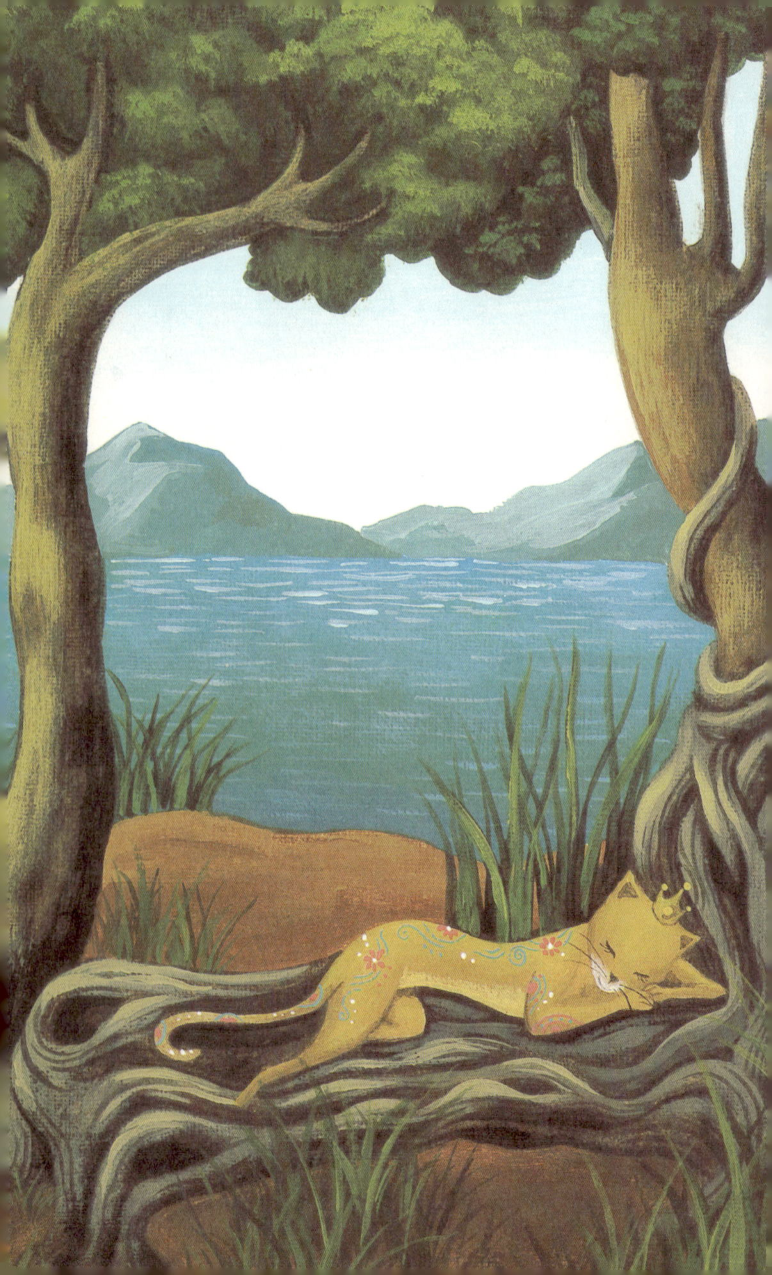

Vacation

稍微喘口气,放松一下

忙碌者的理由

有一天爱因斯坦的学生问他:

"老师,您是如何取得如此伟大的学术成就的?"

于是爱因斯坦在黑板上用很大的字写上"S=X+Y+Z",然后环顾了一下座位上的学生们,说道:

"S 是成功,X 指沉默,Y 代表享受生活,Z 指的是休息的时间。"

休息的方法与工作的方法一样重要。工作的时候要全身心地投入,休息的时候要全身心彻底地休息,这样的人生才能成功。成功的人大部分不仅努力工作,而且重视让身心充电的休息时间,重视与家人和周围的朋友相聚的时间。他们会一天忙碌地工作 12 个小时,但周末的时候会悠闲地自我审视一番,并且定期去旅行。

但是,我们是怎么生活的呢?虽然到了周末也有了空余时间,但是绝对不会去休息,坐立不安之后又去约会,最终带着在酒桌上积攒的疲劳开始新的一周。

有一位女孩始终忙碌不停但却精力十足,人们问她:"你是怎么做到总是这么精力充沛地工作的呢?"对于这个问题,她会根据情况来妥善地回答。有时候会说因为有优秀的同事,有时候说自己喜欢这份工作,但是这个女孩真正想回答的是"每天至少有 2 小时的时间什么都不做的缘故"。听到这个回答,提问的人都一致地说:"我太忙了,我可没有那样的闲功夫。"

写出你的秘密计划表

美国作家汤姆·琼森让人们列出死前想做的事,然后把它放在钱包,偶尔拿出来看看。例如乘坐热气球飞上天空,坐着木筏漂流旅行,钓鲈鱼,参观泰姬陵,登万里长城,沿海岸线漫步等等。

在我的钱包里除了一张智慧卡之外还有一张秘密计划表。偶尔拿出来看的时候,会觉得很幼稚,但是为了不后悔,我会一一尝试去实现。

在众多的秘密计划中,有一项就是"Do nothing"(什么都不做)。在繁忙的日常生活中偶尔会感到头疼和郁闷,而"Do nothing"正是可以采取的最好的休息方式。也可以在周末去旅行的时候,大概有一天左右的时间什么都不做,只是休息。

不知道从什么时候开始,去旅行的时候我不再有"看看这个,再看看那个"的野心了。以前,总是觉得既然已经来了,就应该多看看,于是从清晨一直观光到半夜,像急行军似的最后"阵亡"在床上。那时我感到自己不是来旅行,而是来打工的。这样的旅行最终只会留下在观光地拍摄的 V 手势的照片和疲惫而已。

当然,旅行应该多看一些,但是同时也应该腾出一天给自己,什么都不做,把它当做送给自己的礼物。不要被时间所迫,不要觉得我必须完成什么事情,你只需要享受自己的时间。没有任何人可以妨碍属于你的自由。

我曾经亲身享受过一次沉浸在完全休息中的假期。那次适逢夏日休假,我跟朋友去了佛罗里达。我们走到户外享受各种海上运动,骑海上自行车,去游乐场游玩。第四天的时候旅行的费用将尽,我们达成共识打算吃顿大餐,然后结束这次旅行,于是去了当地顶级的酒店。那里四处散发出奢侈的气息,吃着晚餐,我感到自己仿佛成为了奥黛丽·赫本。

在我们喝着红酒，享受晚餐的时候，我朋友突然"啊"地一声，吐出了一个圆圆的铜疙瘩。惊慌之下我们赶忙叫来了经理，酒店的服务人员也因此慌乱起来。酒店首要的标准就是清洁，但现在却在饮食里出现了铜疙瘩。厨房长和服务生轮流来道歉，不知道该如何是好。我们反而因此感到不好意思，跟他们说没有关系。酒店方面问我们休假到什么时候，并且承诺给我们提供四天的住宿券，还有 SPA 使用券。就这样我们悠哉游哉地免费在这个顶级酒店里尽情地睡懒觉，享受送餐服务，在薰衣草泡泡浴中尽情地享受。芳香似乎驱散了不快的记忆。我的整个身心，不，甚至我的灵魂都得到了净化。我们免费享受到了房客可以享受的所有的服务。

从那之后，旅行方针由之前的无论什么情况都要住便宜的地方以节省旅行经费，转变为"即使旅行经费不是很充裕，也至少要有一天去高级酒店入住"。即便不是去很贵的酒店，也要去那种有着悠久历史或者有特色的酒店，去那里入住得到的经历完全能够补偿高额的费用。但是那天不要安排很多的行程。作为一名住客，最大地享受酒店的服务，这样才能不心疼酒店的住宿费用。

嘿，关于给我们带来完美假期的那个铜疙瘩的来历

（当然这是我和朋友之间的秘密，千万不要说出去呀），在我们乘坐电梯离开餐厅的时候就解开了。

"哎呀，我的天啊，这是怎么回事！刚才那个铜疙瘩好像是我堵牙用的，我臼齿的一半不见了。"

……

Princess's Wise Saying

成就完美的一天就要尽情地哭尽情地笑
还要充分地思考

精彩人生，是从调节好工作和休息、劳动和余暇的天平开始的。（戴尔·卡耐基）

如果你总是很认真固执，从不给自己一点快乐和放松，那么一定会疯掉，或者成为不知道自己已经疯掉的不安定的人。（希罗多德）

你该知道放慢奔跑的速度，适当地调节你的力量，以及整理混乱和平静心绪的方法。就像鸟会在某个地方停下筑巢，又会为了积蓄力量而在某个地方停下来休息一样。（印第安酋长）

真正的幸福是结束喜欢的事情后进行休息，然后获得新生的过程。（林语堂）

如果你毫不思考，只是埋首工作，就会感到像离家一样孤独；但是如果一天中拿出几分钟反省自身，无论你现在身在何处，面临怎样的问题，都会找到心灵的安息之所。（乔·卡巴金）

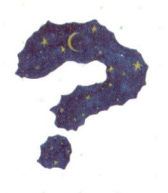

领悟的场所不是在电脑前，而是在蓝天下。（高桥步）

休息就是消除"不做……事情不行"这种想法的状态。休息不是什么特别的东西，它只是某种行为的停止。（拉杰尼希）

有能力享受快乐的时候，机会却迟迟不来，这是人生的前半部；面临很多机会，却已失去享受快乐的能力，这是人生的后半部。（马克·吐温）

人们总是觉得现在没有时间，于是将人生中最重要的事情向后推。不论是与相爱的人见面，或是在大自然中学习伟大的思想，还是进行创造性的工作都向后推。就这样每天过得匆匆忙忙，但越是推托，事情实现的可能性就变得越小。还有比这些更重要的事情吗？不能好好地利用给予的时间，就是一场失败的人生。（雅克布·尼德尔曼）

Chapter V

高贵的公主是时尚 S.T.Y.L.I.S.H. 一族

她们了解自己的气质（Style），用率真（Truth）来武装自己。她们保持着与年龄无关的青春（Youth），在爱情（Love）面前永远底气十足。她们像重视外在美一样重视内在（Inside）美，她们积极提高自我（Self-improvement）。无论发生什么都不会放弃希望（Hope），她们是真正潇洒的时尚 S.T.Y.L.I.S.H. 一族。

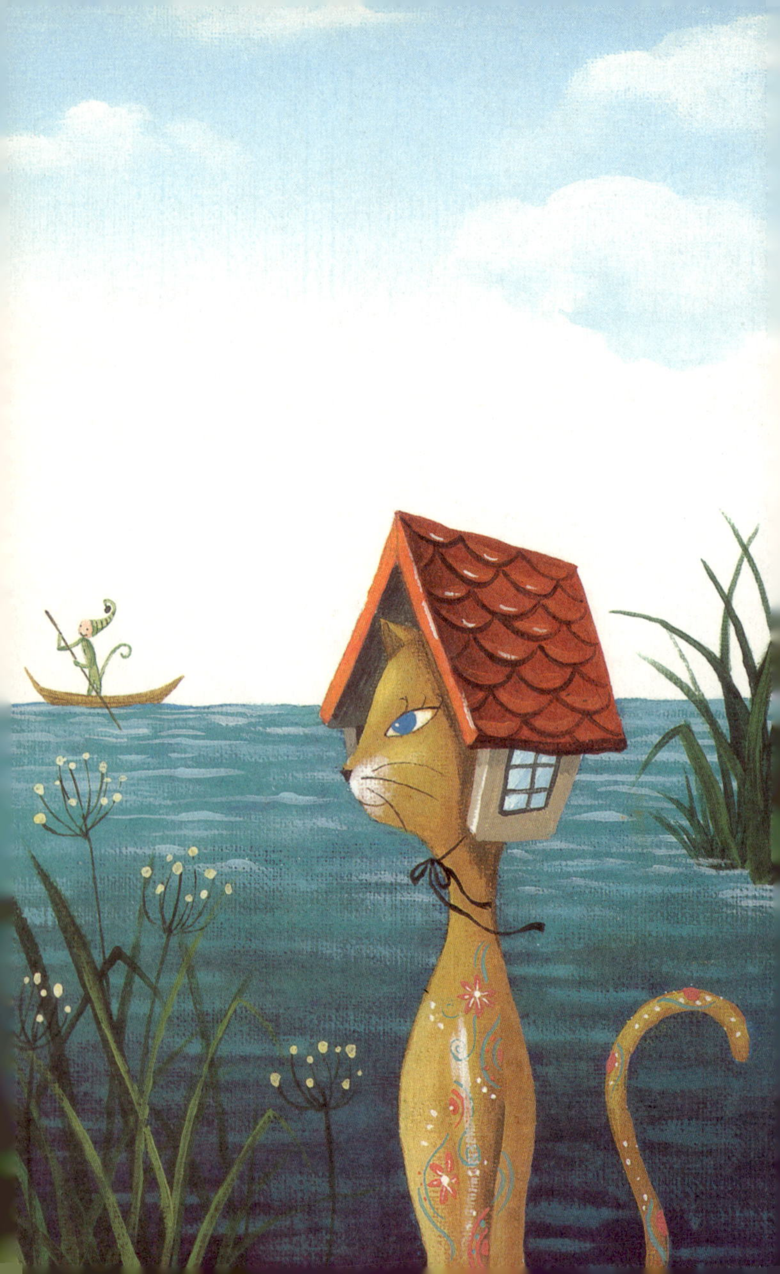

在流浪的生活中发现快乐

流浪旅行者

一位富有的美国游客去拜访著名的拉比(Rabbi，犹太教中负责执行教规、律法并主持宗教仪式的人。——译者注)。令他惊讶的是拉比竟然住在一间一室的房子里，唯一的家具就是书桌和椅子。拉比正在看《塔木德经》，这位游客跟拉比打过招呼之后，稍微犹豫了一下问道："拉比先生，您的家具都在哪里？"拉比反问道："客人，您的家具不是也不在这里吗？"

虽然游客觉得这个问题很好笑，但是仍然很礼貌地回答："啊，因为我不过是暂时路过此地的过客而已。"

拉比高兴地笑着说道："我在这个世上也只不过是暂时路过的过客而已。"

我真的见过心境如拉比的人。有一次因为堵车，我担心会错过火车而不停地跺脚。在我旁边有位朋友一边说没有关系,一边悠闲地听起音乐来。结果正像那位朋友说的那样,我最终没有错过火车。

对于没有发生的事情,他们那种泰然的神情与我截然不同。他们对于已经发生的事全盘接受,然后寻找最佳的解决办法:乘坐下一辆车,或者改变目的地而乘坐别的火车。而对于意料之外的事情,他们也不会将它放在心上。看到他们,我明白了心急吃不了热豆腐,于是心情开始变得舒坦起来。

任何时候人们都可能会遇到不平坦的路,这时候的你就应当把它当做人生的一部分,珍惜所有的过程,以非常平和的心去接受生活的全部,从中发现快乐。

这,就是流浪旅行者。

特别的人们

跟陌生的人搭话需要相当的勇气。虽然担心别人用异样的眼神看我,但是在公司或者公寓的电梯内,很自然地跟人搭话可能会是一段新缘分的开始。一个人单独旅行的妙趣就在于有很多机会可以向当地人或者旅行者打招呼、搭话,可以向人敞开心扉。遇到100个人,这100个人都有可能会成为你的好朋友。

试着鼓足勇气吧！在公园或者观光地，不管在哪里，亲切地向擦身而过的人打招呼。如果你从没有勇气，或者从没有兴趣向着某人大步地走过去，那么现在开始试试吧。

我曾经在一时的好奇心和勇气的作用下，交到了一位独特的朋友。我搬家后没多久，在小区里四处闲逛的时候找到了一个美丽、雅致的公园。在那个地方有很多露宿者，其中有一个人让我感到好奇。他坐在长凳旁边的沙滩上，每次看到他的时候，他都在读书。还有读书的流浪者？我的感觉就像看到了一位乞丐喝着星巴克咖啡一样。他跟其他酒醉之后睡着的流浪者完全不一样，这隐隐地让我产生了想跟他搭话的冲动。

我坐在长凳上，自言自语道："It's a beautiful day!"（天气可真好啊）当我跟他的眼神相遇的时候，我很快又说道："Isn't it?"（不是吗）他看了我一眼，"噗哧"一声笑了出来，然后又接着沉浸在书里。我问他书有意思吗，他没有转移自己的视线，从自己的书包里慢慢拿出一本书递给我。我随手接过书（《哈利·波特》系列中的一本），跟他一起读起来。我坐在长椅上，他坐在沙滩上……

那以后的几天我都在同一时间去沙滩上,跟他一起读《哈利·波特》。我们读完之后又攀谈起来。在成为流浪者之前,他是一位 IT 人士,喜欢好莱坞的女演员妮可·基德曼。他已经过了 4 个月的流浪生活了,现在感觉很满意。他很珍惜发给他的流浪者援助费用(给流浪人的援助费用。这个国家一年四季都很温暖,流浪是可能的事情。希望韩国不会发生人们试图过流浪生活这种不幸的事情),尽情地读一直以来想读的书,想尽情地自由地生活一段时间之后,再重新开始工作。晚上他就在野营场所扎起帐篷睡觉。他与其他流浪者不同,他常常自己作曲并唱给我听。现在,他已经是两个女儿的父亲,她们也在 IT 业努力地工作着。

估计在他的履历上不会写着流浪的经历吧……

我在这个世界上四处观光,发现世界上特别的人真的很多。

跟流浪者搭话的我是不是也很特别呢?

Princess Life & Travel Tips

* **ABC**旅行者

    A. 具有国际化思维

    B. 是一个实干家

    C. 充满挑战精神

    D. 知道入乡随俗的道理

    E. 魅力十足

    F. 带着梦想前进

    G. 想象力丰富

    H. 懂得自我开拓

    I. 具有无限的潜力

    J. 珍惜朋友

    K. 像哥伦布那样是一位探险家,也是一位航海家

    L. 具有卓越的眼力

    M. 能够充分表达自己的想法

    N. 按照航线继续航海

* 克服旅途中的孤独的方法

    看全家福照片

    听音乐

    沉浸于登山、舞蹈等某一项运动

    用手洗衣服

    把孤单的理由折在纸中

    打电话或者写信给想念的人

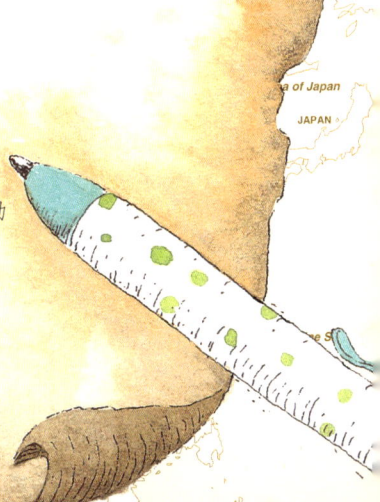

Princess's Wise Saying

真正重要的东西
是在这个过程中学到了什么,成长了多少

我明白了自己真正的宿命是在世界各个地方流浪:常常带着好奇心去关注映入眼帘的所有事物,游览世界的每一个角落……**(切·格瓦拉)**

在某个地方,有一片被遗忘的而且早已约定好的土地。不,那不是土地。不,那也不是早已约定好的。真正无法忘记的东西正在呼唤着你。**(阿摩司·奥兹)**

四处旅行吧,走常走的路安全,但是无聊;行进在没有走过的路上,能学习更多的东西。**(朴光哲)**

我喜欢的一位西班牙诗人曾说过:"本没有路,你走过之后留下的便是路。"**(安东尼奥·班德拉斯)**

我在人生激烈残忍的斗争中发现了快乐,并且我的快乐来自于旅行。(蕾妮·奇薇格)

旅行是挑战自己的肉体和精神的极限而进行的活动。我坦率地承认,困难刺激着我,我需要那种克服了难以克服的困难之后感受到的十足的满足感。(马伊尔勒,瑞士旅行家)

旅行向我们展示了从工作和生存的斗争中解脱出来的人生。(阿兰·德·波顿)

走在路上碰到石头的时候,弱者说那是一块绊脚石,强者说那是一块垫脚石。(托马斯·卡莱尔)

世界是一本书,没有去旅行的人只是在看书的第一页。(奥古斯丁)

旅行是让你重新焕发活力的魔泉。(**安徒生**)

旅行不是为了验证地图是否正确而出发的。把地图合上,四处游走,慢慢地就会看到路,也会看到在某处徘徊的自己。人生的快乐就像藏在各处的宝藏,终有一天它神秘的面纱将被揭开,或者悄悄地来到我们身边。有时候它也像偶然间在陌生小巷里听到的低沉的音乐声那样,预料之外的快乐正在等待着我。(**金美真:《迷失罗马》**)

人生的目的是不停地前进,前面有山丘,有溪水,也有泥潭,不是只有平坦的道路。出海远航的船只不可能不遇到风浪而一直平静地航行。风浪在任何时候都是前进者的朋友,是苦难人生中的快乐。航海时不经受风浪,是多么单调啊!越是艰难困苦,我越是激动不已。(**尼采**)

傻瓜选择定居，智者选择旅行。（福勒）

"你能告诉我在这里应该往哪条路走吗？"
"这取决于你想去哪里。"猫说道。
"还没有想好要去哪里……"爱丽丝说。
"那么走哪一条路都没有什么关系了。"
（道格森）

我的住址是鞋子，它总和我一起旅行。（琼斯修女）

  世界上最伟大的并不是现在你所处的地方，而是你将要到的地方。为了到达天堂的港口，有时候要迎着狂风，有时候要逆流而上。但是我们不要沉默或是抛锚，而应该继续前行。永不放弃，这本身就是伟大的胜利。（霍姆斯）

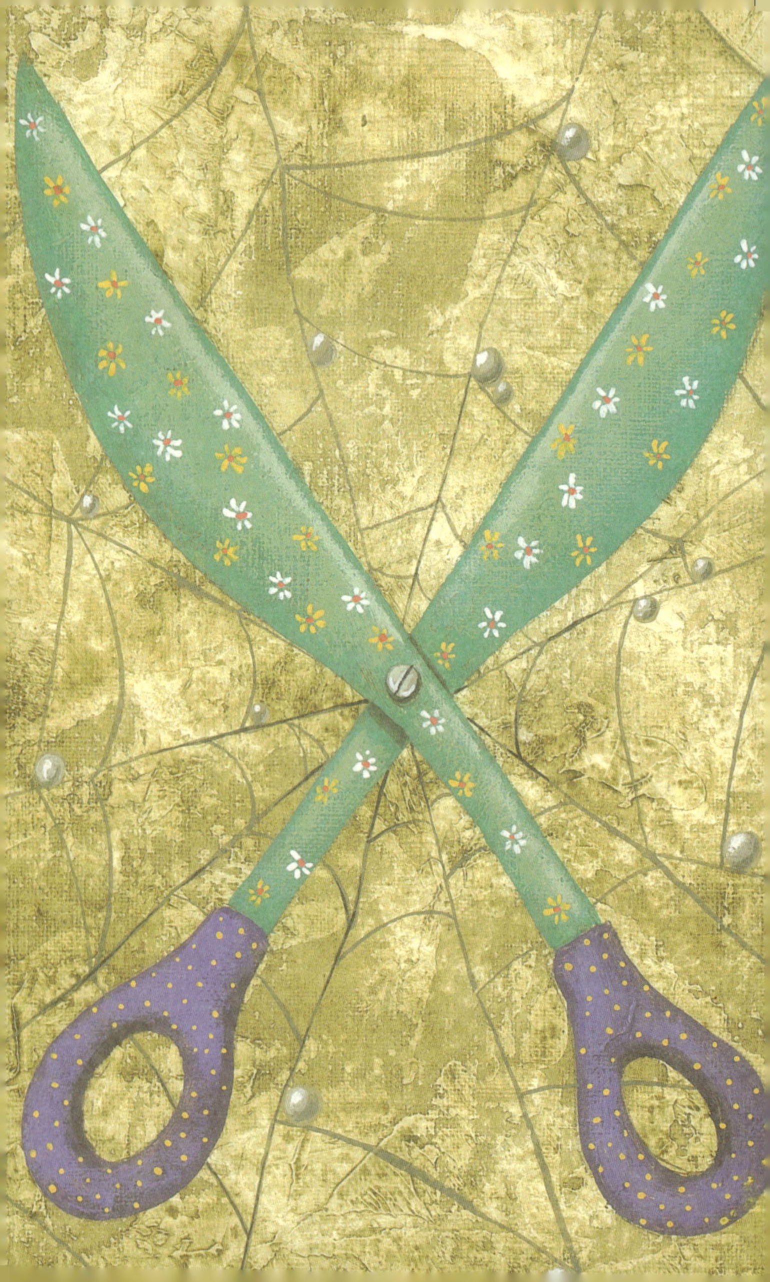

果断地拒绝无谓的事情

对自己的幸福负责

一位睿智的印第安酋长对他的孙子说,在自己内心中正在进行一场"战争",无论大人小孩,这场战争在每个人的心里都会发生。孙子很好奇,于是酋长这样解释道:"孩子,我们每个人的心里都有两只争斗的狼,其中一只是邪恶的狼,它带着灾祸、憎恶、悲伤、罪恶、虚假、自卑和怨恨。另一只是善良的狼,它带着爱、希望、快乐、和平、谦虚、关怀、真实、友情、微笑和信任。"

听到这些,孙子问酋长:"哪只狼会赢呢?"

酋长简短地回答:"当然是你喂东西给它吃的那只。"

现在你烦躁不安:讨厌坏情绪,讨厌后悔和不安,讨厌世界的不公,也讨厌自己得不到的东西。你是否想把这种烦躁彻底地抛开呢?剩下的时间用于去想好事,去做愿意的事情都不够,不要浪费在无谓的担心和苦闷中。

那个时候,

为什么如此伤心?

为什么如此怨恨?

为什么如此固执?

为什么会认为没有什么比保持自尊更重要?

时光流逝,回想起来,那时候总是因为这些微不足道的事情而让自己备受煎熬。

如果失去了什么,每个人都会感到悲伤,但是应该马上接受这现实,承认这现实。明智的人会大事化小,而愚蠢的人则会把小事拿到显微镜下放大,从而陷入更大的苦闷中。

不要奢望没有痛苦的人生,我们应该为了不被伴随苦难而来的烦恼和伤心所羁绊而努力,应该为了自己的幸福,努力从泥潭中爬出来。

有位女性心理咨询师琼·鲍威尔曾在她的镜子下面写着这样一行字,每当她看镜子的时候就读给自己听:

"你看到的是今天对你的幸福负责的人的脸。"

让无谓的事随风而逝

有两个青年在沙漠中旅行。走了好一阵子之后,由于产生了矛盾他们争吵了起来,其中一个人打了另一个人耳光。挨打的人非常生气,但是他没有作声,只是在沙漠上写道:"今天我最好的朋友打了我一个耳光。"

他们互相再也没说一句话,就这样一直走到绿洲。当他们到达绿洲后,两个人决定在那里洗个澡。但是挨打的这个人为了洗澡陷入了沼泽,那个打他的朋友慌忙跑来,把他拉了上来。他从泥潭中出来,在石头上刻下:"今天我最好的朋友救了我的命。"

打了他又救了他的那个朋友感到很惊讶,就问道:"为什么我打你的时候你写在了沙漠上,而这次我救你的时候你却刻在了石头上?"

他说:"如果有人带给我们伤痛和难过,那就应该把它写在沙子上,以便让风将埋怨、厌恶等吹走;但是如果有人对我们好,就应该把它铭刻在石头上,这样即使刮风也永远无法抹去。"

有人说抛开对别人的埋怨,能够宽容别人就是对自己最大的爱,也就是说比起被原谅的人,去原谅别人的人会感到内心更自由。

　　我们还年轻,人生的路上要做的事情还有很多。要经历爱情,要体验成功,不要再为无谓的事情浪费我们的时间了。现在让我们果断地拒绝那些无谓的事情吧。

Princess Life & Travel Tips

★ 七种快乐元素

快乐视觉——常常面带微笑

快乐思维——以快乐的心生活

快乐谈话——与人们进行愉快的对话

快乐味觉——享受美味

快乐睡眠——尽情地睡觉

快乐记忆——留下美好的回忆

快乐歌曲——饶有兴致地唱歌

★ 快乐地度过一周的方法

周一　变身成为极具魅力的女性

周二　明媚的日子里,穿上飘逸的连衣裙

周三　唠叨唠叨减少压力

周四　洗个澡解除疲劳

周五　与相爱的人一起度过这黄金时间

周六　在"愉快的周六之夜"玩到尽兴

周日　解除一周以来积攒的疲劳

Princess's Wise Saying

后悔、厌恶、愤怒、贪欲、虚伪
现在我要跟你们说再见

我仍然有心胸宽广的一面，为此我感到幸运。任何事情如果自己想做的话，只要下定决心都可以完成。尽情地吃，尽情地睡，然后苦闷就会从空隙中溜走。（吉本芭娜娜）

对于有些事情抱有厌恶之心，或是认为自己遇到了冤枉的事情，于是揪住不放，为此伤心，如此度日的话，我们的人生就太短暂了。（夏洛蒂·勃朗特）

去回想美好的事情，享受我们人生的每个瞬间。（小野洋子）

如果其他的人没有按照我希望的那样去做，请不要愤怒。因为我自己都难做到我希望的那样。（威廉·哈兹里特）

有些人总是具有在他们的汤碗里发现头发丝的才干。他们在饭桌上不停地晃动脑袋,直到一根头发掉到汤碗中。(**赫布尔**)

不要无谓的担心,那么担心的事情就绝对不会发生。因为大部分情况下,人们正是由于预想不幸才遭遇了不幸。(**夏赫**)

踩到马蹄莲,脚跟上都会留下芳香。宽容正和这香气一样。(**马克·吐温**)

我现在不想再去想它了,等明天到塔拉再说吧。不管怎样,明天又是新的一天。(**玛格丽特·米切尔:《飘》**)

人死之后,尸体就会被虫子吃掉,但是人活着的时候,有时会被担心和忧虑吃掉。(**犹太格言**)

请学会忘记吧。与其说忘记是一门技术，不如说是一种幸福。事实上一定要忘记的事情，我们反而记得最为清晰。记忆在我们最需要它的时候会可鄙地走开，而当我们最不想要它的时候，却愚蠢地走过来。记忆在带给我们痛苦的事情方面总是很积极，在带给我们快乐的事情方面总是很怠慢。沉浸在苦闷中的时间不要超过 10 分钟。**（厄尼.J. 泽林斯基：《悠闲生活的快乐》）**

18 岁时，我沉迷于爱情，为了他，我甚至可以牺牲生命。但是 6 年之后，我甚至想不起他的名字，原来时间可以冲走一切。**（电影《碧海蓝天》）**

生活中最让人吃惊的是我们忍耐和经受了那么多无谓的忧虑，并且自己招来了那么多的担心。**（本杰明·迪斯雷）**

年龄越大做事越费力的原因不在于精神和肉体的衰退，而在于叫做记忆的这个沉重的包袱。**（毛姆）**

宽待别人的错误吧，把今天别人犯下的错误当做昨天自己犯下的错误。没有人不犯错。**（莎士比亚）**

啊，伟大的灵魂。如果没有穿上对方的鞋子走上两周的时间，请不要让我评价他或是责备他。

（印第安苏族祈祷文）

有一位从乡下进城的人第一次坐火车旅行。他把自己沉重的行李顶在头上，这样想着："行李这么沉放在地上恐怕还要多收钱。"于是他继续顶着行李。事实上这行李无论放下还是顶着都没有什么差别，我们背着叫做忧虑和担心的毫无用处的行李行走，该有多么费力啊。**（佚名）**

革命中一位长发人救了被青年部队捉住的扎耐尔，扎耐尔问："你为什么救你的敌人呢？"长发人说："人们认为大海比土地更广阔，但是还有比大海更广阔的那就是天空，而比天空更广阔的则是人心。理解别人，宽恕别人的胸怀比天空更广阔。"**（雨果：《悲惨世界》）**

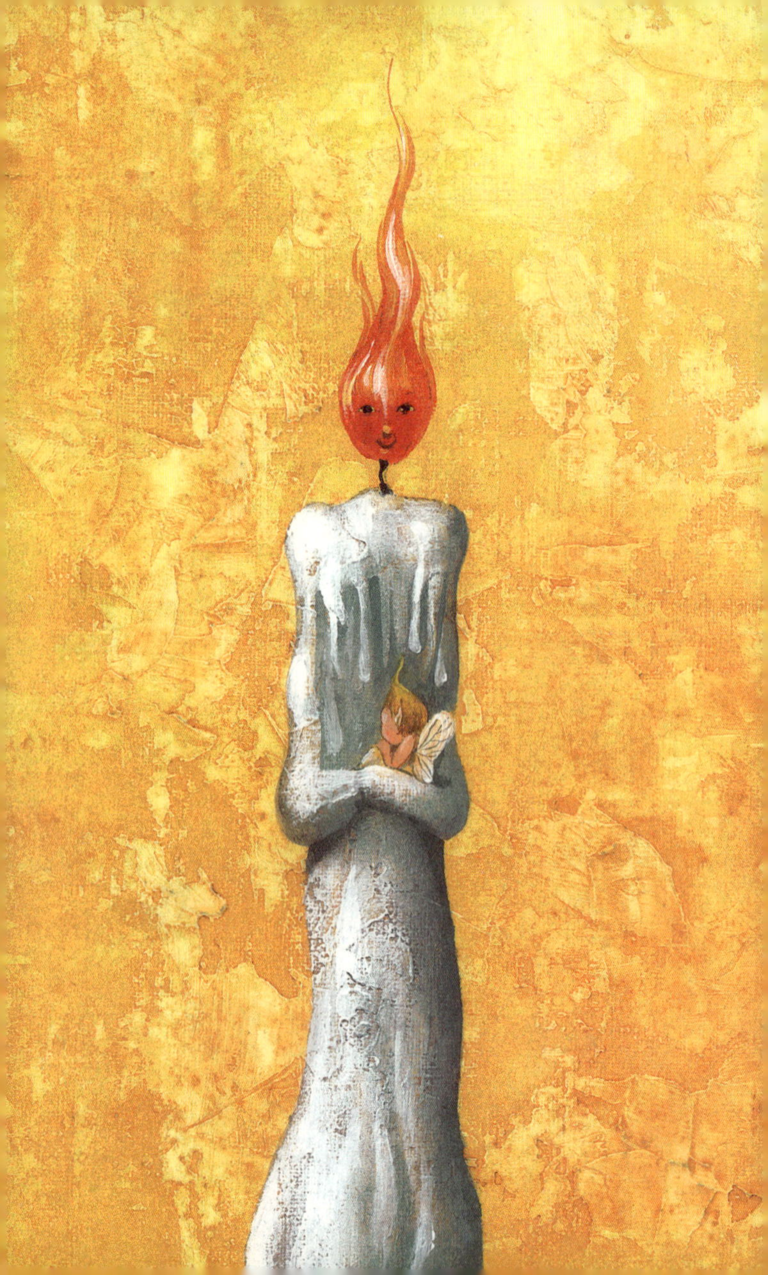

人生中崭新的一页由我翻开

照亮周围的女人

女孩每天放学后都会一如既往地去宝石店,趴在窗边看陈列的宝石,这是女孩唯一的快乐。一位老奶奶走近这个看得入神的女孩,问她是否想拥有这些宝石。

"是的,真是太漂亮了。我想成为像宝石一样发光的女人。"

老奶奶对这位看得入神的女孩说晚上再来这吧。

女孩吃过晚饭又一次来到这家宝石店,宝石店这时候已经关门了。老奶奶让女孩再看看那些宝石。女孩说太黑了什么都看不见。这时候老奶奶点燃了一根火柴,周围立刻亮了起来,美丽的宝石又映入眼帘,女孩再一次沉浸在宝石的美丽之中。老奶奶对她说:

"孩子啊,你只看到了宝石。你说过想成为宝石般闪亮的女人是吗?那首先就要成为照亮宝石的火柴。"

女孩有些迷惑，老奶奶接着说：

"宝石只有在光的照耀下才能焕发出自身的美丽，在黑暗中跟普通的石头没什么分别。但是你看看火柴，它不是在用自己的光照亮周围吗？女人就应该像这火柴一样照亮周围。"

女孩回头时，老奶奶已经不见了。

这是我在书上看到的一个童话，几十年过去了依然记忆犹新。"应该成为照亮周围的女人"，童话中奶奶的话给孩童时候的我带来了很大的震动。

能够照亮周围的女人是……

对于需要关怀的人无论何时都会伸出援手的女人。她们如彩虹般绚丽、宝石般明亮。

"只有干干净净的鞋子才能带你到想到的地方。"

无意之间听到的话使我变成了鞋子爱好者，好像鞋子真的让我来到了一个精彩的世界，因此我常常对鞋子格外用心。老人们说鞋子皱皱巴巴的，人生也会不顺利，因此我常常穿坚挺的亮亮的皮鞋。

我刷碗的时候妈妈常常对我说："就算你什么都不会，但至少应该把碗刷得亮亮的。"只有这样人生才能发出闪亮的光彩。

我想成为一位光彩照人的女人,因此无论鞋子还是碟子我都会用力地仔细地擦。

打开心中的宝箱

有一段时间我非常讨厌自己。因为遭遇了诸多不顺,我觉得自己一无是处。更糟的是只要我陷入忧郁的情绪中,那无论自己多么努力挣扎都无法摆脱出来。似乎我的忧郁是与生俱来的。我找出所有的理由来宽慰自己,但这只能让自己陷入更深的泥潭,而且这时也没有一个人伸出援手。于是我更加埋怨自己和周围的人,内心十分烦乱。

在学校附近有一家咖啡店,咖啡店外面有个漂亮的露台,那时候我大概每天都要去那里喝上 5 杯咖啡,然后呆呆地在那里一坐就是几个小时。就这样大概过了快一周,我开始学会用看书来排解。

有一天我正在看书,两个女人走进咖啡店,其中一位是盲人,她在我旁边的桌子坐下来。另一位去买咖啡,然后把咖啡递给这位盲人后就匆匆走出了咖啡店。就这样 2 个小时过去了,我仍然读着我的书。那位黄头发穿着很漂亮的盲人始终望着天空，她就这样坐着，一直保持着同样的姿势。她好像知道我在她的身边，开始跟我搭起话来："您好，我叫爱尔莲。您好像是一个人来的吧，啊，真的对不起，我是不是打扰您了？"

"没有，我在随便看看书，但是您的朋友去哪了？"

"啊，那是我的妹妹，她去约会了。我一直只当她是小孩子，可是不知什么时候开始她知道约会了。好久没有这样晒太阳了，感觉真好。看来出来还是对的。您正在读什么书呢？"

"夏洛蒂·勃朗特的《简·爱》，我看了很久了，但是内容一点都没有记住。您的妹妹好像回来得很晚啊，这么等下去不累吗？"

她温婉一笑，晃了晃肩膀。

她又继续望着天空，我又继续看我的书。大概过了30多分钟，我突然问她："我给您读书好吗？"

她把头探向我的方向，说："好的。"我有些不好意思地说道："如果您不愿意的话也没有关系。"她有些害羞地说："谢谢你。"

我从第一章开始重新读这本书，不知不觉中我靠近她坐了下来，她也仔细倾听着我的声音。可以看出她听得饶有趣味。太阳落山的时候,她的妹妹回来了,她看了我们很久,说真是不忍心打扰我们。妹妹对我说谢谢,感谢我能陪她的姐姐,然后扶起了姐姐。爱尔莲对我说:"今天真的很开心,我不会忘记的,谢谢。"

妹妹扶着姐姐准备离开,我对姐姐说:"我过得也很开心,如果想知道后面的故事,明天就再来这里吧。"

后来我们用了 3 天的时间读完了《简·爱》,那之后我也常常给她读书,以后为了读得更准确,读得更生动,我还提前进行练习。我们共享同一本书,一起笑也一起哭。我要搬去其他城市的时候,她对我说:"这是我有生以来最幸福的一段时光。"她把如此特别如此珍贵的话送给了微不足道的我。

可以肯定地说,在我的人生中从没有像那时那样自信和为自己感到骄傲。也是从那时起我认识到自己的存在绝不是微不足道的,我重新发现了自己的价值……

多年之后,回想起当时的情景,我送给了那个女人天堂般的礼物,而她也将我从苦难的泥潭中营救了出来。自那之后,我知道了带给他人快乐是多么的伟大。

现在如果有人陷入无法自拔的苦海中,或者想着"我的人生完了""我不想活了",我想对他们说:"不要绝望。

草莓被碾成草莓酱，但是草莓的味道并没有消失。我们每个人的价值也是一样，并且我们的价值可以通过给予别人帮助来实现。没有人伸手来营救我们的时候，就让我们伸出手去帮助别人吧。"

读万卷书才能写出好文章，1吨的玫瑰花瓣才能提取出1盎司的香水。那么想成为闪光的女人要付出多少努力呢？

闪闪发光的宝石就是我们自己，打开心中的宝箱照亮世界的瞬间，你的人生也翻开了新的一页。

Princess Life
& Travel Tips

* **请记住带给你积极力量的咒文**

    1. 我所有的方面都在日益进步
    2. 我爱本色的自己
    3. 我正在被爱和爱别人
    4. 我不看黑暗的影子,只看太阳的光芒
    5. 我有实现梦想的时间、健康和热情
    6. 在享受人生、享受生存的权利的时候,
       我不会忘记应尽的义务
    7. 早晨睁开双眼的时候最为激动人心,
       因为我期待今天会发生什么特别的事情
    8. 健康、家人、朋友……我拥有的很多
    9. 能够活在这个世上,这本身就很幸福
    10. 有时候会因为别人而受伤,
        这时候要反省自己是否曾经也在无意之中伤害过别人
    11. 生活在这个世界上真是太有趣了,
        这个世界好像也在渐渐地接受我
    12. 我常常快乐地微笑着生活
    13. 我不会为了讨好别人而费力地包装自己,
        我想拥有真实的自我
    14. 我珍惜所有的缘分,在其中将学到很多东西
    15. 现在因为这些小小的变化,我的目标终变得更加远大

Princess's Wise Saying

**不知道主宰自己的人生的人
只会是他人的影子**

英雄式的冒险旅行,其目的地就是你自己。你将找到自我。(坎贝尔)

终有一日我会去旅行,它有可能成为我一生中最长的旅行,那就是寻找自我的旅行。(夏普)

睁开心灵的眼睛,如果能够看到你心中巨大的宝库,那么你就会明白其实你拥有无限的财富。(乔治富·莫比)

下定决心完全掌控自己的人生,成为自己命运的主人吧,并且与自己竞走,明白自己的宿命,体验匆匆的人生时光吧。过去和未来的任何事情与你现在经历的事情相比都微不足道。(罗宾·夏玛)

你所需要的东西正在你的内心深处，等待着释放自我的那一刻。你需要做的事只是花点时间静静地找出什么在你的内心深处。（凯蒂）

不断地催促自己，被自己的主观所束缚而无法自拔，甚至连尝试都不敢，这时候你就无法成为自己的朋友，更无法成为自己的主人，只能成为自己的奴隶。（蒙田）

在心中建造可以让理想栖息的宫殿，努力不让理想的火光熄灭。切记，你是自己命运的主人、灵魂的船长。（希尔）

冥想可以让你还原自我，认清自我。无论生活是好是坏，你都会明白自己正走在自己的人生路上。（乔·卡巴金）

我将去内心想去的地方，真的讨厌其他的人做我的向导。（艾米莉·勃朗特）

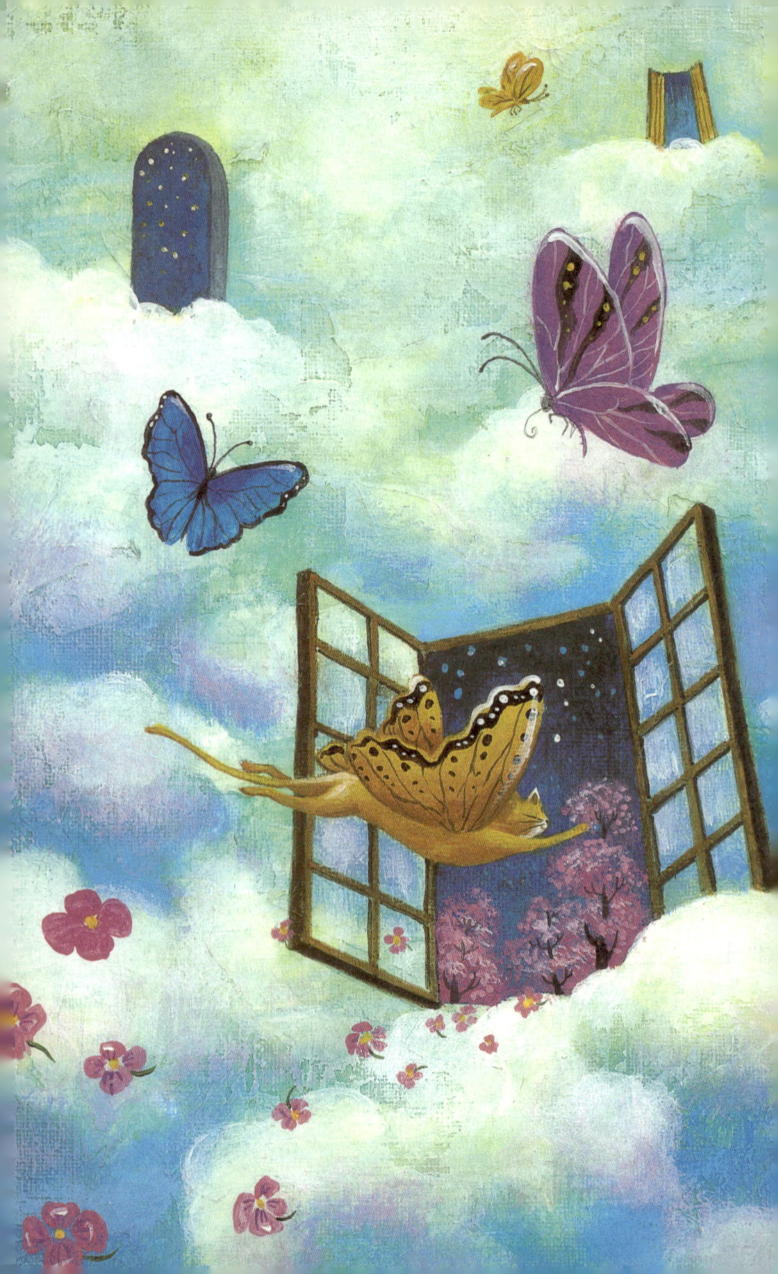

只要充满热情，
人生的每一天都是新的

在旅途中留下未来的约定

不想结束一件事情却又不得不结束的时候，那种不舍是无法用语言来表达的。

与恋人分别的时候会感到不舍；仍然相爱却无奈分手的时候会感到不舍；度过将要结束的周末的最后一刻也会感到不舍；正在品尝的冰激凌快见底的时候；还有旅行将要结束的时候，都会感到不舍。

后来我为了安慰这种不舍，觉得自己应该做点什么，于是就在途经的场所留下记号。就是那种别人看不见，只有我知道的记号（当然不是在墙上涂鸦或是什么别的无耻的行为）。比如在澳洲爱尔斯岩石（世界上最大的岩石）下面我藏了自己的东西；在瑞士一个小村庄的树下我埋下写给未来丈夫和孩子的信。多年以后我真的打算跟丈夫和孩子一起去找那封信，想到这些我的心就怦怦直跳。还有在意大利一条胡同的旧书店里，我将写有日记的一页小纸片插入到一本书里。如果将来我再去那个地方，那本书还在那里的话，我想那是命运在等待我的到来；如果那本书被人买走了，那么对于发现这页日记的人来说这不也是一份很特别的礼物吗？

在法国流传着这样的说法，将自己和情人的名字写在一页小纸上，在上面放上一块小石子，然后将它放入江中，如果这页纸没有立即沉下去，并且能够漂浮 3 秒以上，那么爱情就会实现。我很真诚地在纸上写下了我的名字和梦想，然后放在江中。它在江上漂浮了 3 秒，不（虽然我动了点小脑筋，选了一块很小的石头放在上面），它又多漂浮了 5 秒，然后不见了。我仔细看着我的梦想沉下去的地方，当然，并不是想把它打捞上来，而是想等到以后再次来到这个地方时，和当时的我对话，微笑着一起谈论我的梦想和爱的记忆。

面对即将来临的 2011 年我的生日，不知为什么我感到很激动。因为我跟我的旧爱约好了那时在米兰的多莫教堂见面。2001 年快要入夏的时候，我一直在读《冷静和热情之间》，小说中的一句话让我记忆深刻。作者说："如果你想知道最爱的人是谁，那么就去遥远的地方旅行，你希望谁陪在你身边，他就是你最爱的人。"好久以来，我都沉浸在小说和电影中，直到我生日来临那天，我跟男朋友来到了多莫教堂。我们来到教堂的顶层，一边欣赏风景一边说："我们也像小说中的男女主人公那样约定吧，万一我们结婚的话，那么10年后就一起来这里；万一我们分手的话，那时候如果还没有忘记对方，就再来这里见面。"

现在是2007年，只剩下4年的时间。

我知道自己不会去那里，也知道那个人不会来……

因为我知道我们都在自己的位置上努力地生活着，并且我们走的路各不相同……

我不是因为想起这个约定，想起相见的瞬间而感到激动。

我是因为想起我们年轻时相爱的样子太可爱了。

因为在多莫教堂留下的记忆是那么美丽……

人生最满意的旅行

从旅行开始到旅行结束,以及在憧憬新的旅行的过程中,我明白了一个真理,那就是旅行的意义高于单纯的快乐。通过旅行我明确地知道了沉重地压在我的人生上的苦难是什么。到今天为止我一直被恐惧和不安所束缚,但是现在我明白了不论经历的是好事还是坏事,都应该接受,这就是我成长的过程。

通过这次旅行的学习,我们为下一次旅行做了更好的准备和选择,因此面对即将来临的旅行我们可以更加坚定和果断。

旅行本身就是释放热情的过程,一次旅行的结束意味着对下一次旅行的期待,也正是从这个时候知道了又将有一个新的开始。

结束旅行之后,新的故事、新的我又回到了熟悉的地方。

我遇见的人和聊过的事慢慢融入我的生活时,我的人生之路将变得更加平坦。

人生中"结束"这个词意味着新的开始。

就像离别是另一段缘分的开始一样，一段旅行的结束意味着新视野的开拓和一段新的旅程的开始。

我会珍惜所有看过的场所、见过的人、收获的智慧。真正珍贵的记忆是不会随着时间的流逝而变得模糊的，越是时过境迁，积淀的记忆越会清晰地浮上来，变得更加鲜明。

写下今后我想守护的东西：人生、家人、爱情、未来、微笑、健康、朋友、自尊、容貌……

如果有人问我至今为止最满意的旅行是什么，我会这样回答：

人生中最满意的旅行是：下一次旅行！

Princess's Wise Saying

丰富的阅历
会让你变得聪慧睿智、魅力十足

世界是圆的,因此,看似走到尽头,其实是一个新的开始。**(普林斯特)**

我创造我的世界,它是比在外面看上去更美丽的世界。**(路易斯·奈维尔逊)**

我周围的所有事物都是我封锁在记忆中的珍贵的东西。**(多萝西·丹德里奇)**

我唯一要告诉整个世界的是:美好的人生正在等待我们。在这里,就是现在。**(B.F. 斯金纳)**

我唯一不会被赶出来的乐园就是回忆。**(让·保尔)**

我们回忆的不是某年某月,而是幸福的每一个瞬间。(**帕韦瑟**)

没有什么药比"希望"的疗效更好,也没有什么营养剂比"明天我的未来将变得更好"这一期待更好。我现在感到了满足。(**马顿**)

"我过得很好。"沿着心的指引,在这一瞬间,在我生活的过程中,我终于说出了这句话。(**艾伦·科恩**)

每一件收藏品都有它自己的故事和回忆:找到它的过程、买它时的情景、那一天和谁在一起、那时美好的休假时光……(**吉尔德**)

当探险结束时,我回到出发地,此刻,我才明白这个地方对于我的意义。(**艾略特**)

Thanks to

在父母的介绍下,我们第一次见面了,当时我还很小,是父母给了我遇见你的机会。我怀着害羞和激动的心去见你,见到你的第一面就对你一见钟情。瞬间,我想起这样的话:

"You are a butterfly!"(你真帅气)

"I have butterflies in my stomach!"(我的心怦怦直跳)

你真的很帅,仿佛一只蝴蝶飞进我的心里,而且不知不觉中你成了我生活的一部分。你带我来到陌生的世界,我们开始一起走、一起笑、一起哭。

在我艰难的时候,你走到我身旁伸出援助之手,于是我抓住你的手跳起了舞,飘飘欲仙地飞了起来。

你告诉了我这个世界有多美丽,人们有多美丽,可我却到现在才对你说谢谢。

你知道吗?以前我怀有一颗想独占你的心,可现在我想与更多的人一起分享你。

Travel!

2007 年夏　In 斐济

Aness An

看到过那样的人，

连背影都很潇洒。

闪亮的眼睛，仿佛拥有整个世界。

当她从对面走来，所有的目光都会集中在她的身上。

每一步都是那么潇洒，那么有气质，

不知不觉中会回头注视她的背影，

是旅行者！

她真帅气！

连背影都散发出无限的魅力！

擦身而过的人都认识她，

人们如此感叹：

"到底还是那个女孩潇洒啊！"

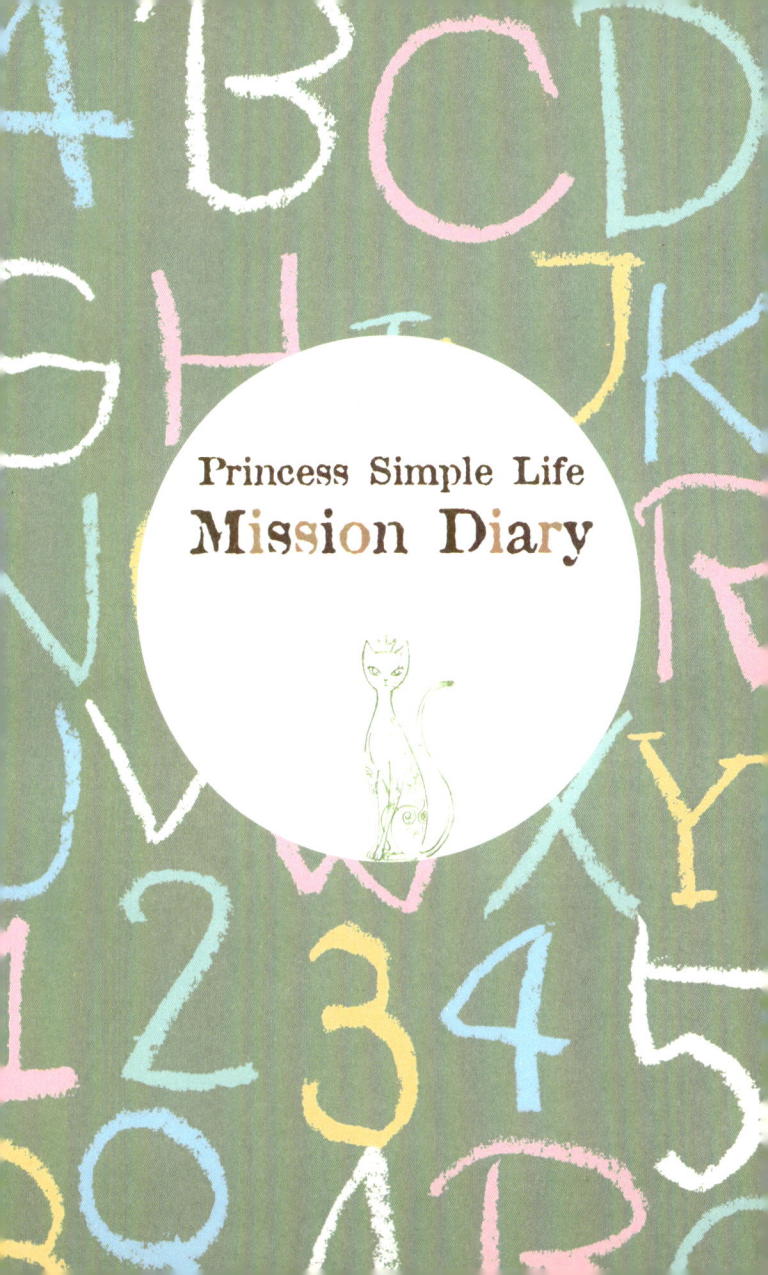

Princess Simple Life
Mission Diary

D-30

Mission
想超越现在的自己,
那就点燃你的热情吧。
越是深爱自己,
热情就越浓烈。

D-29

Mission

梦想有多远,世界就有多大。
不敢做梦的人,将会一事无成。
那么,你的梦想是什么呢?

D-28

Mission

我们是搭乘人生这列火车的旅行者,
既然无法让车子停下,也无法中途下车,
那么就让我们尽情地享受吧!
无论什么事情,
让我们都以"享受人生"的心情去面对吧!

D-27

Mission

你应该结交这样一位朋友:
他不仅了解你的梦想,而且知道该如何帮你实现这一梦想。
他不仅是一位检察官,更是一位督促者。
在追梦的过程中,他将助你一臂之力。

D-26

Mission
世界是一本写满各种挑战记录的书,
平时憧憬的事情,请一定要大胆地尝试!
"挑战无极限!"

D-25

Mission
对你身边的人,请先向他们报以微笑吧。
也许你们会成为一生的挚友!

D-24

Mission
我一直不变的期望就是：
希望你能过得幸福。
焕然一新的你会觉得整个世界都洋溢着幸福。

D-23

Mission
所谓变化就是以新代旧,以陌生取代熟悉。
让我们用心去感受随之而来的变化吧。

D-22

Mission
在考虑别人的感受之前,
请先关注自己的感受吧。
用激情抚平内心的忧郁,
用爱唤醒麻木的神经。

D-21

Mission
现实生活中,要做的事情比想做的事情多。
让我们暂时摆脱日常生活,去旅行吧,
这将给我们带来新的活力。

D-20

Mission
面对新的开始不知所措时,
请看看明早喷薄而出的朝阳吧!
当你在心底呐喊"我一定会成功"时,
你就已经是一位成功者了。

D-19

Mission

不要置受伤的心于不顾，
请深深地吸气、吐气，
集中全部精力呼吸，
在某个瞬间，你会感到伤口已经治愈。

D-18

Mission
请热情地接受来自陌生世界的邀请吧!
今晚吃点越南菜或是泰国菜怎么样?
陌生的世界会带给我们新鲜的感觉。

D-17

Mission
如果堆积如山的工作让你感到窒息,
那就放下手中的工作,仰望天空吧。
没有什么比现在这一瞬间更为重要。

D-16

Mission
毫无目的的储蓄只会让你的心灵和希望变得卑微,
所有的一切只不过是让你幸福的一种手段罢了。

D-15

Mission
你还在执拗于过去的爱情和失败吗?
如果是那样,现在就放手吧。
无论是事业还是爱情,
重新精彩地来过。

D-14

Mission
像跟自己恋爱一样,
送自己一件礼物,
哪怕仅仅是一朵玫瑰,
只要你喜欢就好。

D-13

Mission
你该为之付出努力的，
不仅仅是工作和爱情，
还有现在这一瞬间。

D-12

Mission
请相信"但是"法则的力量,
虽然失败了,"但是"不会放弃。
这时候就会在你心底升腾起新的力量和希望。

D-11

Mission
如果有人遇到困难,
请温暖地握住他的手,
这会转化为安慰和力量。
诸如此类的细节,会使人生变得幸福。

D-10

Mission
尺有所短,寸有所长。
只有取长补短,
才能超越他人,不断进步。

D-09

Mission
心病的根源在于你作出的选择，
请仔细想想为什么会痛苦会不幸？
答案就在你的心里。

D-08

Mission
你可曾尝试一个人吃饭？
不要为此感到尴尬和害羞，
尝试一次吧。
那是你可以与自己对话的好机会。

D-07

Mission
写信或是打个电话给家人、朋友和恋人吧。
告诉他们谢谢他们的陪伴,你非常爱他们。

D-06

Mission
工作的时候认真工作,休息的时候尽情休息。
扔掉工作的想法,
让身心彻底放松。

D-05

Mission
面对突如其来的失败,
请你不要放弃,
而以平静的心去接受它吧。

D-04

Mission
气得要发疯的话,
就请用 10 分钟的时间去发泄愤怒吧。
然后学会接受它,宽容它。

D-03

Mission
如果你想与别人分享你的财富，
请现在就开始吧。
社会服务和慈善事业的价值是不可估量的巨大财产。

D-02

Mission
请写下你的梦想,
同时也写下向着梦想前进的过程。
它会清晰地记录下退却的热情。

D-Day

Mission
今天想过得与昨天不同吗?
对变化的渴望将使你的未来更加精彩。